LE PLAN ÉNERGÉTIQUE

Un guide pour une gestion énergétique plus durable des services d'eau potable et d'eaux usées

2013

Water Environment Federation
601 Wythe Street
Alexandria, VA 22314–1994 USA
http://www.wef.org

Le plan énergétique :
Un guide pour une gestion énergétique plus durable des services d'eau potable et d'eaux usées

ISBN 978-1-57278-404-8

À propos de WEF

Fondée en 1928, la Water Environment Federation (WEF) est une organisation technique et éducative à but non lucratif composée de 36 000 membres individuels et 75 associations affiliées représentant des professionnels en qualité de l'eau du monde entier.

Les membres, les associations affiliées et les employés de WEF travaillent fièrement pour mener à bien notre mission qui est d'offrir un leadership audacieux, favoriser l'innovation, connecter des professionnels de l'eau et exploiter les connaissances pour assurer de l'eau propre et salubre dans le monde.

Pour en apprendre davantage, visitez **www.wef.org.**

The Energy Roadmap:
Water and Wastewater Utility Guide to More Sustainable Energy Management

ISBN 978-1-57278-404-8

About WEF

Founded in 1928, the Water Environment Federation (WEF) is a technical and educational non-profit organisation with 36 000 individual members and 75 affiliated associations representing professionals in water quality all over the world. The members, affiliated associations and employees of WEF proudly work to carry out our mission to provide bold leadership, promote innovation, connect water professionals and exploit knowledge to ensure clean and healthy water all over the world. To know more, visit www.wef.org.

Sommaire

RÉSUMÉ	15
Structure de ce guide	16
Domaines abordés	18
Gestion stratégique	18
Culture organisationnelle	19
Communication et diffusion	20
Gestion de la demande	21
Production énergétique	23
Innover pour l'avenir	24
Études de cas	25
Références	25
01 INTRODUCTION	**26**
Quels sont les vecteurs d'une durabilité énergétique ?	28
Matrices de gestion énergétique	28
Déroulé du guide	28
Domaines	29
Niveaux de progression	29
Comment utiliser le guide	36
Portée du guide	36
Définir les objectifs de durabilité des programmes énergétiques	37
Références	39
02 GESTION STRATÉGIQUE	**41**
Direction stratégique	41
Élaborer des politiques	42
Promouvoir efficacement	43
Viabilité financière	43
Repenser les matrices financières	43
Économiser de l'énergie et de l'argent	44
Partenariats	44
Partenariats pour des financements alternatifs de projet	44
Opportunités de subvention	45
Vers une neutralité carbone	45
Références	45

03 CULTURE ORGANISATIONNELLE **47**

Vision énergétique 47

Intégrer une vision énergétique à la planification stratégique 48

Intégrer une vision énergétique à la planification de projet 48

Utiliser une vision énergétique pour atteindre des objectifs énergétiques 48

Équipe énergie 49

Créer une équipe énergie efficace 49

Désigner un champion énergie 49

Formation du personnel et harmonisation 52

Établir un programme de formation 52

Promouvoir le partage d'informations industrielles 53

Renforcer et récompenser la conservation énergétique 53

04 COMMUNICATION ET DIFFUSION **55**

Clients et membres communautaires 56

Agences réglementaires et législatives 57

Diffusion médiatique 58

Groupes de protection de l'environnement 59

Industrie de l'eau 59

Références 59

05 GESTION DE LA DEMANDE **61**

Coûts électriques et facturation 62

Grille de taux et période de facturation 62

Prix énergétiques et temps d'utilisation 62

Frais de demande 62

Coûts électriques totaux 62

Mesure et contrôle de l'énergie électrique 64

Analyse comparative—Vue d'ensemble 64

Analyse comparative—Détails 64

Données de procédé 65

Surveillance 65

Gestion énergétique 66

Conduire un audit énergétique ou une enquête d'optimisation énergétique 66

Planifier pour l'avenir 67

Contrôle à la source 69

Références 69

06 PRODUCTION ÉNERGÉTIQUE **71**
Stratégie de production énergétique 71
Établir des objectifs énergétiques 72
Prévoir les obstacles de mise en œuvre 72
Identifier les sources énergétiques 72
Énergie à partir de l'eau 72
Biogaz 73
Hydroélectricité 75
Pompes thermiques 75
Autres sources énergétiques inhérentes 75
Sources énergétiques supplémentaires 76
Co-Digestion 76
Énergie solaire 76
Énergie éolienne 77
Certificats d'énergie renouvelable 77
Normes d'inclusion d'énergies renouvelables 78
Acheter et vendre des certificats d'énergie renouvelable 78
Politiques d'achat d'énergie verte 79
Références 79

07 INNOVER POUR L'AVENIR **81**
Recherche et développement 82
Types de technologies innovantes 82
Créer un pôle d'innovation 82
Utiliser des collaborations académiques 83
Faciliter le transfert de connaissances et la gestion de l'innovation 83
Regarder en dehors du secteur de l'eau Nord-Américain 83
Gérer la gestion des risques 84
Créer une culture d'innovation 85
Procédures de passation qui minimisent les risques 85
Soutenir les collaborations de recherche et apprentissage partagés 85
Protéger le service et le secteur avec des brevets 85
Technologies alternatives de traitement 86
Technologies innovantes de traitement à faible énergie 86
Séchage à faible énergie 86
Élimination biologique de l'ammoniaque à faible énergie 86
Piles à combustible microbiennes 86
Traitement secondaire anaérobie 86

Technologies innovantes de production énergétique 87
Matières grasses, huiles et graisse en énergie 87
Conversion thermochimique de biosolides en énergie 87
Algues 87
Approches alternatives de gestion 88
Systèmes décentralisés ou hybride 88
Intégrer l'innovation et la conservation 88
Vision holistique 88
Co-localisation et régionalisation 88
Références 89

08 CONCLUSIONS **91**

09 ÉTUDES DE CAS **93**
Succès 94
Département des services de la ville de Palm Bay, Palm Bay, Floride 94
Station d'épuration de la ville de Stevens Point, Stevens Point, Wisconsin 102
District des services municipaux d'East Bay, Oakland, Californie 108
Compagnie des eaux – Station d'épuration d'Elmira, Elmira, New York 112
Station d'épuration régionale de Kent County, Milford, Delaware. 118
District de récupération des eaux usées de Metro, Denver, Colorado 124
Commission de Narragansett Bay, Providence, Rhode Island 128
Essais 136
District métropolitain des eaux usées de Madison, Madison, Wisconsin 136
Station de récupération de l'eau de Truckee Meadows Sud, Reno, Nevada 142

10 RESSOURCES ADDITIONNELLES **150**
Gestion stratégique 151
Production énergétique 151
Communication 151
Instaurer des programmes de gestion énergétique 151
Énergie générale et gestion 151
Identification de partenaires 152
Analyse comparative, utilisation d'énergie et optimisation 152
Approches innovantes 153
Outils 153
Ressources technologiques 153
Informations techniques 154
Études de cas 154

ANNEXE **156**
Le plan énergétique : Un guide pour une gestion énergétique plus durable des services d'eau et d'eaux usées et ISO 50001 — Gestion énergétique 156

INDEX **160**

Remerciements

Des remerciements particuliers sont adressés aux participants initiaux du sommet historique consacré à l'énergie avec des leaders de l'industrie de l'eau et de l'énergie convoqués, sur invitation seulement, par la Water Environment Federation à Raleigh, Caroline du Nord, en mars 2012 :

Mohammed M. Abu-Orf, AECOM, Philadelphia, Pennsylvania

Matt Bond, P.E., Black & Veatch, Dallas, Texas

Charles B. Bott, Ph.D., P.E., BCEE, District de l'assainissement d'Hampton Roads, Virginia Beach, Virginia

Jeanette Brown, P.E., DEE, D. WRE, Université du Connecticut, Storrs-Mansfield, Connecticut

Peter Burrowes, CH2M HILL Canada Ltd., Kitchener, Ontario, Canada

Joseph C. Cantwell, P.E., Science Applications International Corporation, Brookfield, Wisconsin

Peter V. Cavagnaro, P.E., BCEE, Johnson Controls, Inc., Milwaukee, Wisconsin

Kartik Chandran, Ph.D., Université de Columbia, New York, New York

Lee E. Ferrell, P.E., BCEE, CEM, Schneider Electric, Anderson, South Carolina

Lauren Fillmore, Water Environment Research Foundation, Alexandria, Virginia

Anthony Fiore, Protection environnementale de la ville de New York

Rob Greenwood, Facilitateur, Ross Strategic, Seattle, Washington

Jim Horne, Bureau de la gestion des eaux usées, U.S. Environmental Protection Agency, Washington, D.C.

Michael P. Keleman, InSinkErator, Racine, Wisconsin

Barry L. Liner, Ph.D., P.E., Water Environment Federation, Alexandria, Virginia

Robert E. Lonergan, P.E., Tetra Tech, Denver, Colorado

Edward H. McCormick, P.E., District des services municipaux d'East Bay, Oakland, California

Austin Montgomery, Carnegie Mellon Software Engineering Institute, Pittsburgh, Pennsylvania

Thomas G. Mossinger, P.E., Carollo Engineers, Inc., Walnut Creek, California

Sudhir N. Murthy, DC Water, Washington, D.C.

Kathleen M. O'Connor, P.E., Autorité de recherche et développement énergétique de l'état de New York, Albany, New York

Eileen J. O'Neill, Ph.D., Water Environment Federation, Alexandria, Virginia

Robert E. Ostapczuk, Pirnie/Arcadis, Clifton Park, New York

Coert P. Petri, MSc, Compagnie des eaux Rijn en Ijssel, Pays-Bas

Matthew P. Ries, P.E., Water Environment Federation, Alexandria, Virginia

Maurice Rousso, Heliopower Inc., Murrieta, California

Ralph B. "Rusty" Schroedel, Jr., P.E., BCEE, Brown and Caldwell, Milwaukee, Wisconsin

Stephen Tarallo, Black & Veatch, Gaithersburg, Maryland

Kristina Twigg, Water Environment Federation, Alexandria, Virginia

Jason Turgeon, U.S. Environmental Protection Agency, Boston, Massachusetts

Art K. Umble, Ph.D., P.E., BCEE, MWH Americas, Inc., Denver, Colorado Scott R. Vandenburgh, CDM Smith, Seattle, Washington

John L. Willis, P.E., Brown and Caldwell, Atlanta, Georgia

Le développement de ce document a été dirigé par Edward H. McCormick, P.E., et Alicia R. Chakrabarti, P.E., du District des services municipaux d'East Bay à Oakland, California. Une supervision technique a été également effectuée par Barry L. Liner, Ph.D., P.E., de la Water Environment Federation.

Les auteurs de ce document sont les suivants :

RÉSUMÉ

Alicia R. Chakrabarti, P.E., District des services municipaux d'East Bay, Oakland, California

Edward H. McCormick, P.E., District des services municipaux d'East Bay, Oakland, California

01 INTRODUCTION

Alicia R. Chakrabarti, P.E., District des services municipaux d'East Bay, Oakland, California

Edward H. McCormick, P.E., District des services municipaux d'East Bay, Oakland, California

Tania Datta, Ph.D., Université Tech de Tennessee, Cookeville, Tennessee

Robert H. Forbes, Jr., CH2M HILL, Inc., Charlotte, North Carolina David L. Parry, CDM Smith, Bellevue, Washington

Jason Turgeon, U.S. Environmental Protection Agency, Boston, Massachusetts

Drury Denver Whitlock, P.E., CH2M HILL, Salt Lake City, Utah

02 GESTION STRATÉGIQUE

Chris J. Peot, DC Water, Washington, D.C.

Jim Horne, Bureau de gestion des eaux usées, U.S. Environmental Protection Agency, Washington, D.C.

Milind Wable, Ph.D., P.E., BCEE, Oceanside, California

John Wright, Raftelis Financial Consultants, Inc., Kansas City, Missouri

03 CULTURE ORGANISATIONNELLE

Karen L. Pallansch, Alexandria Renew Enterprises (ARenew), Alexandria, Virginia

Joseph C. Cantwell, P.E., Science Applications International Corporation, Brookfield, Wisconsin

Paul M. Kohl, P.E., Département de l'eau de Philadelphia, Philadelphia, Pennsylvania

04 COMMUNICATION ET DIFFUSION

Jason Turgeon, U.S. Environmental Protection Agency, Boston, Massachusetts

Alicia R. Chakrabarti, P.E., District des services municipaux d'East Bay, Oakland, California

Craig Miller, Ph.D., CDM Smith, Fortitude Valley, Queensland, Australie

Samantha Villegas, SaVi PR, LLC, South Riding, Virginia

05 GESTION DE LA DEMANDE

David J. Reardon, P.E., BCEE, ENV SP, HDR Engineering, Inc., Folsom, California

Tania Datta, Ph.D., Tennessee Tech University, Cookeville, Tennessee

Robert E. Lonergan, P.E., Tetra Tech, Denver, Colorado

Ralph "Rusty" B. Schroedel, Jr., P.E., BCEE, Brown and Caldwell, Milwaukee, Wisconsin

Vamsi Seeta, Atkins North America, Glendora, California

William E. Toffey, Effluential Synergies, LLC, Philadelphia, Pennsylvania

Drury Denver Whitlock, P.E., CH2M HILL, Salt Lake City, Utah

06 PRODUCTION ÉNERGÉTIQUE

Ralph "Rusty" B. Schroedel, Jr., P.E., BCEE, Brown and Caldwell, Milwaukee, Wisconsin

Tania Datta, Ph.D., Université Tech du Tennessee, Cookeville, Tennessee

Robert E. Lonergan, P.E., Tetra Tech, Denver, Colorado

David J. Reardon, P.E., BCEE, ENV SP, HDR Engineering, Inc., Folsom, California

Maurice Rousso, Heliopower Inc., Murrieta, California

Vamsi Seeta, Atkins North America, Glendora, California

Anthony Tartaglione, M.S., P.E., Operateur de traitement IV des eaux usées, Spécialiste qualifié DOE des systèmes de pompage, Conseil d'Amérique du Nord des praticiens certifiés en énergie, Niveau d'entrée PV du certificat de connaissance, Denville, New Jersey

Drury Denver Whitlock, P.E., CH2M HILL, Salt Lake City, Utah

Patrick Wootton, P. E., Nixon Energy Solutions, Lawrenceville, Georgia

07 INNOVER POUR L'AVENIR

William E. Toffey, Effluential Synergies, LLC, Philadelphia, Pennsylvania

Flor (June) Garcia Becerra, CH2M HILL Canada Limited, Toronto, Ontario, Canada

Wendell O. Khunjar, Ph.D., Hazen and Sawyer P.C., Fairfax, Virginia

08 CONCLUSIONS

Alicia Chakrabarti, P.E., District des services municipaux d'East Bay, Oakland, California

Edward H. McCormick, P.E., District des services municipaux d'East Bay, Oakland, California

09 ÉTUDES DE CAS

Alicia R. Chakrabarti, P.E., District des services municipaux d'East Bay. Oakland, California

Jeremy Cramer, Station d'épuration de la ville de Stevens Point, Stevens Point, Wisconsin

Alan L. Grooms, P.E., District métropolitain des eaux usées de Madison, Madison, Wisconsin

Angela M. Hintz, P.E., CEM, CEA, ARCADIS, Buffalo, New York (Elmira, New York)

Jim McCaughey, Commission de Narragansett Bay, Providence, Rhode Island

James P. McQuarrie, P.E., District de récupération des eaux usées Metro, Denver, Colorado

James J. Newton, P.E., BCEE, Station d'épuration régionale de Kent County, Milford, Delaware

Dan Roberts, P.E., Ville de Palm Bay, Florida

John Hulett, Jennifer Damon, Shawnee Dunagan, Ashley Kaiser, Station de récupération de l'eau de Truckee Meadows Sud, Reno, Nevada

Barry Wenskowicz, Commission de Narragansett Bay, Providence, Rhode Island

ANNEXE

Le plan énergétique : Un guide pour une gestion énergétique plus durable des services d'eau et d'eaux usées et ISO 50001 — Gestion énergétique

Barry L. Liner, Ph.D., P.E., Water Environment Federation, Alexandria, Virginia

Réviseurs additionnels du document :

Richard G. Atoulikian, PMP, P.E., MWH Americas, Inc., Strongsville, Ohio

Peter V. Cavagnaro, P.E., BCEE, Johnson Controls, Inc., Milwaukee, Wisconsin

Lauren Fillmore, Water Environment Research Foundation, Alexandria

Virginie Richard E. Finger, Kent, Washington

Ely Greenberg, P.E., CEM, Erg Process Energy, New York, New York

Angela M. Hintz, P.E., CEM, CEA, ARCADIS, Buffalo, New York

Michael Kiparsky, Ph.D., Université de Californie, Berkeley, California

James J. Newton, P.E., BCEE, Département des travaux publics de Kent County, Milford, Delaware

Amanda L. Poole, P.E., Baxter & Woodman, Inc., Chicago, Illinois

Velmurugan Subramanian, Dewberry, Fairfax, Virginia

Harry Zhang, Ph.D., P.E., CH2M HILL, Chantilly, Virginia

Pour la version française :

Traduction : Ludivine Clouzot, Université Laval

Révision : Peter Vanrolleghem, Professeur, Université Laval

Coordination et mise en page : Réseau Environnement

Graphisme : Gabriella Perrino

Résumé

« Une révolution des énergies renouvelables est en cours et ce ***changement radical*** est en train de transformer rapidement le secteur de l'eau, qui évolue d'un traitement unique de l'eau vers la récupération de ressources précieuses – eau propre, nutriments vitaux et énergies renouvelables. *Le plan énergétique : un guide pour une gestion énergétique plus durable des services d'eau et d'eaux usées* aidera à innover et transformer de façon rentable les usines de traitement en usines vertes. »

EDWARD H. MCCORMICK

Directeur du traitement des eaux usées,
District des services municipaux d'East Bay, Oakland, California

Au début de 2012, un groupe de leaders de l'industrie de l'eau et de l'énergie convoqué par la Water Environment Federation a identifié le besoin de développer un document pour guider les usines d'eau, de toutes tailles, vers une gestion énergétique durable, incluant une production accrue d'énergies renouvelables, l'économie d'énergie et une attention constante, et à long terme, sur la gestion énergétique. Même s'il n'est pas forcément possible pour toutes les usines de devenir énergétiquement positives ou neutres, tous les directeurs de services peuvent prendre d'importantes mesures pour augmenter la durabilité énergétique. *Le plan énergétique : un guide pour une gestion énergétique plus durable des services d'eau et d'eaux usées (Le plan énergétique)* en résultant se positionne en tant que guide pour tous les services d'eau (ici, le terme *eau* est utilisé pour inclure l'eau potable et les eaux usées).

STRUCTURE DE CE GUIDE

Le plan énergétique présente six domaines interconnectés de gestion énergétique :

section 02
Gestion stratégique

section 03
Culture organisationnelle

section 04
Communication et diffusion

section 05
Gestion de la demande

section 06
Production énergétique

section 07
Innover pour l'avenir

Pour chaque domaine abordé, il y a trois niveaux de progression (de « activer » à « intégrer » et enfin « optimiser » [voir Figure R.1]).

Un service peut choisir de se concentrer sur un ou deux domaines, et avec le temps, peut être amené à en aborder trois ou plus afin de faire avancer son programme énergétique. Les dirigeants de service devraient choisir les domaines sur lesquels ils veulent se focaliser et le niveau de progression qu'ils veulent atteindre.

Le plan énergétique offre des approches pratiques pour aider les dirigeants de service à atteindre leurs objectifs, incluant la hiérarchisation des actions favorisant la durabilité énergétique. Par exemple, de nombreux services de petite taille, particulièrement ceux sans procédé de digestion anaérobie, peuvent constater un meilleur « retour sur investissement » de leur dollar de gestion énergétique en se focalisant sur la réduction de la demande (plutôt que sur la production énergétique).

Il est important de garder à l'esprit qu'il n'existe pas un seul modèle pour tous les services.

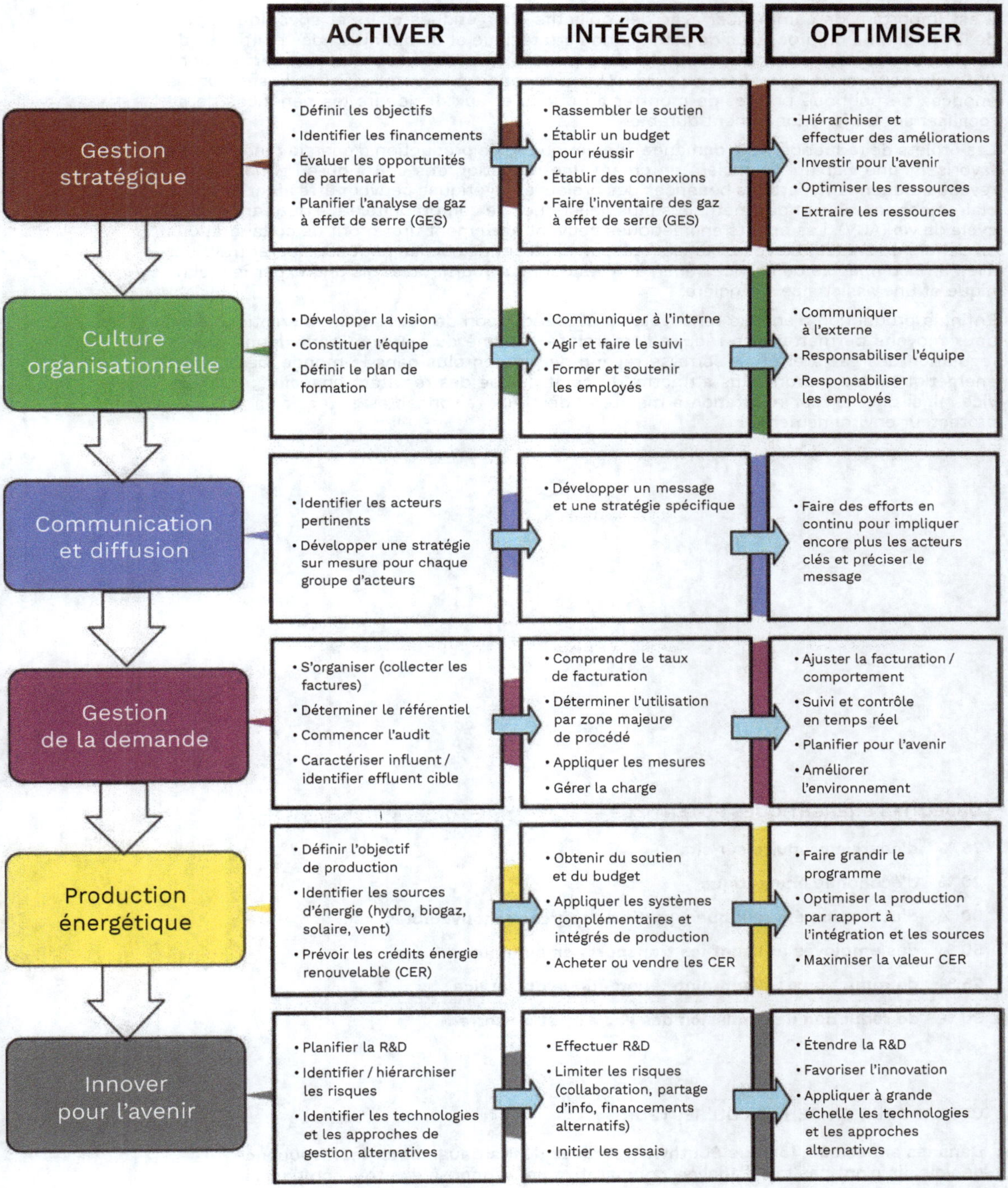

FIGURE R.1

Structure du *Plan énergétique : un guide pour une gestion énergétique plus durable des services d'eau et d'eaux usées* (R&D = Recherche et développement).

Gestion stratégique

Il est important de commencer avec des objectifs énergétiques clairs et spécifiques, puis de les intégrer à un processus de planification stratégique et de définition des politiques du service. Les objectifs devraient être utilisés pour créer des indicateurs clés de performance (ICP) qui peuvent être mesurés et suivis. Une promotion précise et efficace basée sur les énoncés de politique permet de montrer au public et aux décideurs les bénéfices de se focaliser sur un fonctionnement durable.

Les projets de réduction de la demande énergétique et de production d'énergie renouvelable favorisent une viabilité financière en créant une réduction des coûts ou en générant des revenus. Cependant, certains bénéfices des projets énergétiques peuvent être identifiés plus clairement en utilisant des méthodes plus holistiques de comptabilité, telle que l'analyse du cycle de vie (ACV). Les projets énergétiques peuvent également tirer profit de collaborations en dehors du secteur de l'eau. Par exemple, un dirigeant de service peut considérer travailler avec une compagnie de services énergétiques qui peut fournir à la fois une expertise technique et une assistance financière.

Enfin, la production d'énergie renouvelable et la réduction de l'utilisation énergétique sont deux moyens permettant de réduire l'empreinte carbone du service. Étant donné que la régulation des gaz à effet de serre se répand de plus en plus dans le monde, ces projets énergétiques deviendront plus attractifs du point de vue des résultats financiers d'un service, ainsi que de leur réputation à maintenir des taux raisonnables et à agir en tant que protecteur environnemental.

OBJECTIFS ÉNERGÉTIQUES POTENTIELS

75 %	**d'énergie produite sur site**
20 %	**d'économie énergétique**
90 %	**d'utilisation énergétique à partir de sources renouvelables**
50 %	**des employés utilisant les transports en commun**
25 %	**de réduction de l'empreinte énergétique du service**
30 %	**de réduction de l'émission des gaz à effet de serre**

COLLABORER EN DEHORS DU SECTEUR

Dans les années 90, lorsque Southwest Airlines désirait augmenter leur fréquence de vols, ils n'ont pas fait d'analyse comparative par rapport à d'autres compagnies aériennes.

À la place, ils ont analysé les équipes de ravitaillement de la NASCAR et ont développé un des meilleurs programmes de l'industrie en ce qui concerne l'efficacité de maintenance des avions et la qualité de leur service à la clientèle.

Culture organisationnelle

Les dirigeants de service devraient utiliser des objectifs et politiques énergétiques pour définir une « vision énergétique » qui peut être intégrée dans l'organisation. Des actions spécifiques, de soutien et mesurables, devraient être intégrées au plan de performance de chaque employé. Une meilleure implication des employés est obtenue lorsqu'une « équipe énergie » pluridisciplinaire est mise en place et qu'un individu responsable d'une variété de tâches de gestion énergétique est identifié comme « champion énergie ». Il est recommandé que le champion énergie agisse en tant que point unique de responsabilité et de reddition des comptes pour un programme énergétique. En plus d'être un important chef de projet, cet individu doit être respecté au sein de l'organisation ; enthousiaste et compétent par rapport à la gestion énergétique et le procédé de traitement ; et avec une attribution explicite de temps, ressources et autorité pour diriger l'équipe énergie à appliquer les changements. De plus, l'équipe énergie devrait être responsable envers la direction du service avec des rapports réguliers programmés.

Généralement, des formations pour les ingénieurs, opérateurs et responsables permettent de gérer efficacement la production et l'utilisation d'énergie. Enfin, faire la promotion de l'implication de l'industrie et récompenser l'économie d'énergie favorisent le développement d'une culture qui accorde de la valeur à la gestion, l'économie et l'innovation énergétiques. Par conséquent, les dirigeants de service devraient considérer des incitations, telles qu'une planification complète de performance reliée à une paie de performance, des récompenses d'équipe et des reconnaissances organisationnelles.

RÔLE DU CHAMPION ÉNERGIE

- √ **Collecter les données énergétiques**
- √ **Archiver les données énergétiques**
- √ **Gérer l'ICP**
- √ **Animer les réunions de l'équipe énergie**
- √ **Effectuer les mesures énergétiques**
- √ **Vérifier les résultats énergétiques**
- √ **Suivre les factures énergétiques**
- √ **Hiérarchiser les investissements**
- √ **Définir la langue d'approvisionnement énergétique**
- √ **Signaler les progrès vers les objectifs**
- √ **Assurer l'amélioration continue du programme**

ÉLÉMENTS ÉDUCATIFS EN ÉNERGIE

- √ **Compréhension de la facturation énergétique d'un service**
- √ **Utilisation énergétique en heures de pointe et en heures creuses**
- √ **Définition de la demande en heures de pointe**
- √ **Effets opérationnels sur la demande énergétique**
- √ **Identification des mesures d'efficacité énergétique**
- √ **Effets de la flexibilité de conception sur la gestion énergétique**
- √ **Compréhension des courbes de performance des équipements**
- √ **Compréhension et application de l'ACV**

Communication et diffusion

Les projets à succès impliquent souvent une coordination avec une variété d'acteurs et un soutien de leur part. Il est en effet important de rechercher activement des parties prenantes qui ont une forte probabilité d'être affectées par un programme énergétique. Les groupes clés incluent typiquement une ou plusieurs des entités externes suivantes :

- Clients et membres communautaires
- Personnel réglementaire et législatif
- Représentants des médias
- Groupes de protection de l'environnement
- Professionnels de l'industrie de l'eau

Chaque groupe nécessite d'être approché de façon légèrement différente. Par exemple, pour les clients et membres communautaires, il est important de souligner les bénéfices communautaires des projets énergétiques d'un service. Dépendamment des besoins du projet et attentes des parties prenantes, les efforts de diffusion peuvent être aussi simples que de publier des informations sur le site internet du service, d'offrir des visites de l'usine, ou alors peuvent être aussi complexe que de développer une campagne médiatique complète avec des clips sonores, vidéos et articles de presse ciblés. Travailler avec les médias est probablement la meilleure façon d'atteindre une large audience. Néanmoins, il est très important qu'un projet soit présenté sous son meilleur jour.

BÉNÉFICES COMMUNAUTAIRES DES PROJETS ÉNERGÉTIQUES

√ **Emplois locaux**

√ **Prestation à long terme**

√ **Disponibilité de fonds externes pour soutenir des projets de production et efficacité énergétiques**

√ **Nouvelles opportunités d'affaires**

CONSEILS DE COMMUNICATION AVEC LES MÉDIAS

√ **Être réactif**
Les médias travaillent souvent avec de courtes échéances.

√ **Être ouvert et transparent**
C'est correct de dire « Je ne sais pas et je vous recontacterai avec la réponse ».

√ **Concentrez-vous sur le message**
Ne vous laissez pas entrainer vers un sujet que vous n'êtes pas prêt à discuter.

Gestion de la demande

Souvent, les efforts les plus rentables correspondent à de petits changements qui peuvent réduire significativement l'utilisation énergétique. Il existe plusieurs étapes pouvant être appliquées pour identifier de telles mesures. Une approche pratique est de commencer par analyser la facture énergétique. Par exemple, les dirigeants de service devraient déterminer si la grille actuelle de taux électriques du service répond au mieux aux besoins du service et analyser si les frais de demande et les frais d'utilisation énergétique représentent une partie significative des coûts. Les éléments clés d'une facture énergétique incluent la période de facturation et la grille de taux, les frais de demande, les prix énergétiques et le temps d'utilisation, ainsi que les coûts électriques totaux.

L'étape suivante à adopter lors de l'identification d'économies potentielles d'énergie est de comprendre l'utilisation énergétique actuelle du service. Dans l'idéal, des données issues de compteurs divisionnaires sont disponibles pour chaque utilisation significative ou type de procédé, et peuvent être comparees à celles utilisées par des services similaires grâce à une analyse comparative de procédés. L'étape suivante importante est d'effectuer un audit énergétique pour identifier les mesures potentielles d'économie énergétique se basant sur des améliorations opérationnelles ou d'équipement.

Pour les nouveaux services, il existe de nombreuses opportunités pour réduire l'utilisation énergétique totale, en prenant des décisions stratégiques lors de la planification et de la conception. Par exemple, les dirigeants de service devraient considérer les mesures listées dans le Tableau R.1.

Enfin, comprendre et contrôler les sources d'eaux usées permettent aux dirigeants de service d'effectuer les changements appropriés à l'usine pour s'assurer que l'infrastructure de traitement soit de la bonne taille et configurée de façon à répondre à la demande actuelle.

MÉTHODES POUR RÉDUIRE L'UTILISATION ÉNERGÉTIQUE

- √ **Éteindre**
- √ **Fonctionner en temps partiel**
- √ **Fonctionner à vitesses variables**
- √ **Fonctionner à débits plus faibles**
- √ **Fonctionner à pressions plus faibles**
- √ **Remplacer avec des équipements plus efficaces**

OPPORTUNITÉ	APPROCHE
Optimiser le transfert des solides provenant des systèmes aérobies (diminution de la demande énergétique) vers les digesteurs anaérobies (augmentation de la production énergétique).	• Optimiser la conception du décanteur primaire et de la charge hydraulique. • Ajouter des produits chimiques pour améliorer la décantation primaire. • Utiliser des flotteurs à air dissous. • Traiter les eaux usées brutes ou l'effluent du décanteur primaire avec un procédé de boues activées à court contact afin d'améliorer la décantation.
Minimiser la demande énergétique des systèmes d'aération.	• Spécifier/installer des systèmes d'aération avec des souffleurs énergétiquement efficace. • Utiliser des systèmes d'aération profonds avec des diffuseurs à fines bulles. • Considérer fusionner des technologies telles que l'aération par bandes ultra-efficace. • Installer un contrôle automatisé de l'oxygène dissous grâce à de l'instrumentation. • Considérer osciller entre les zones de traitement qui peuvent être utilisées en anoxie ou en aérobie en fonction des conditions de charge.
Utiliser un équipement qui modifie la sortie.	• Utiliser des moteurs à fréquence variable pour un traitement efficace durant le débit diurne et les variations de charge.
Adapter la taille des équipements et des procédés.	• Considérer des horizons plus courts de planification et des expansions de capacité plus fréquentes pour s'assurer que les équipements et les procédés sont utilisés efficacement d'un point de vue énergétique. • Évaluer les conditions existantes de débits et de charge de l'usine en comparaison avec les conditions de conception.
Optimiser le profil hydraulique de l'usine.	• Développer une conception hydraulique afin que le pompage soit minimisé.
Égaliser les débits de l'usine ou réduire les charges de pointe afin de minimiser les variations de débits/charge.	• Considérer l'égalisation des systèmes de collecte grâce à une technologie de réseau intelligent ou des systèmes plus grands tels qu'un tunnel profond de stockage afin de minimiser les événements de pointe qui mènent à des équipements /systèmes surdimensionnés.
Utiliser automatisation/contrôle et acquisition des données/technologie informatique pour minimiser l'utilisation énergétique.	• Utiliser instruments et automatisation de façon adéquate afin d'optimiser l'efficacité du système. • Considérer un tableau de bord énergétique intégré à SCADA pour suivre/enregistrer les ICP d'énergie. • Utiliser des mesures de demande en « temps réel » pour optimiser les procédés et minimiser l'utilisation d'énergie.
Considérer des procédés auxiliaires pour l'utilisation énergétique et les effets environnementaux.	• Considérer les procédés tels que le contrôle des odeurs, la réutilisation de l'eau et les traitements tertiaires pour atteindre de faibles limites d'effluent et de désinfection.

TABLEAU R.1

Opportunités d'économie énergétique pour les futures usines.

Production énergétique

Investir dans les énergies renouvelables sur site permet d'atteindre plusieurs objectifs, incluant une fiabilité opérationnelle accrue, des coûts énergétiques réduits et des revenus énergétiques accrus, ainsi qu'une variabilité réduite des coûts opérationnels en fonction des prix énergétiques. Cet investissement aide également à réduire l'empreinte carbone du service en réduisant la consommation de combustible fossile. Le développement d'une stratégie de production énergétique nécessite de définir des objectifs, analyser et surmonter les obstacles réglementaires, identifier et hiérarchiser les ressources énergétiques disponibles. L'énergie peut être produite à partir de sources intrinsèques telles que les eaux brutes, l'eau potable ou les eaux usées (ex : hydroélectricité, biogaz et énergie calorifique) ou de sources externes supplémentaires (ex : co-digestion, solaire et éolienne). Depuis plusieurs décennies, de nombreux services produisent des quantités significatives d'énergie renouvelable grâce au biogaz. La Section 6 inclut un tableau présentant des services en Amérique du Nord qui génèrent à moindre coût (ou prévoient de le faire) de l'énergie renouvelable à partir de biogaz. Cependant, des milliers de services en Amérique du Nord continuent de brûler leur précieux biogaz, qui représente pourtant une opportunité significative. Il y a de nombreux facteurs complexes à considérer lors de la prise de décision sur comment utiliser au mieux le biogaz disponible (voir Figure R.2). Les guides et ressources ci-dessous sont recommandés :

▶ *Life Cycle Assessment Manager for Energy Recovery* (LCAMER) (WERF, 2012) (Gestionnaire d'analyse du cycle de vie pour la récupération énergétique)

▶ *Evaluation of Combined Heat and Power Technologies for Wastewater Treatment Facilities* (Wiser et al., 2012) (Évaluation des technologies de chaleur et énergie combinées pour les stations d'épuration)

▶ *Opportunities for Combined Heat and Power at Wastewater Treatment Facilities: Market Analysis and Lessons from the Field* (U.S. EPA, 2011) (Opportunités pour la combinaison de chaleur et d'énergie dans les stations d'épuration : étude de marché et leçons de terrain)

▶ Site internet de l'agence américaine de protection de l'environnement sur la combinaison de la chaleur avec l'énergie. (http://www.epa.gov/chp/).

En plus du biogaz, d'autres moyens pour récupérer l'énergie inhérente à l'eau incluent des technologies reconnues, telles que l'énergie hydroélectrique et les pompes thermiques, et des technologies émergentes, tels que les piles à combustible microbiennes, la gazéification de biosolide et la production de combustible à partir d'algues. Grâce aux avancées technologiques, de plus petites quantités d'énergie cinétique peuvent être exploitées à moindre coût en utilisant des turbines « en conduits » (ou « en canaux ») à partir de sources telles que les canalisations de transport de l'eau ou les sorties d'eaux usées.

Un service peut aussi générer son énergie en utilisant des sources d'énergie renouvelable supplémentaires,tels la co-digestion de déchets organiques hautement concentrés, l'énergie solaire électrique, l'énergie solaire thermique, l'énergie éolienne et autres technologies émergentes. Avec l'évolution des technologies solaires (photovoltaïques), les coûts représentent maintenant une fraction de ce qu'ils étaient il y a vingt ans. Les services sont souvent bien positionnés afin d'utiliser des terres existantes pour des projets solaires et éoliens. Un facteur déterminant est l'augmentation de la fréquence et valeur des certificats d'énergie renouvelable et de la régulation des normes sur les portefeuilles d'énergies renouvelables.

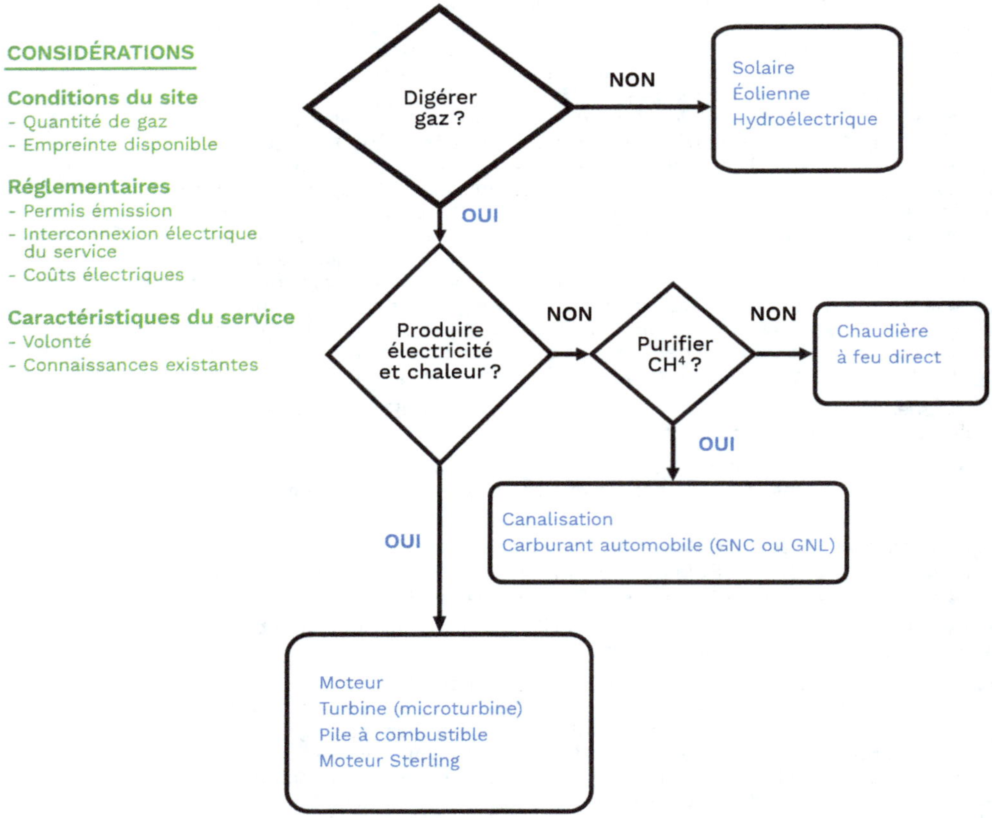

FIGURE R.2

Arbre de décision pour la production énergétique (GNC = gaz naturel compressé et GNL = gaz naturel liquéfié).

Innover pour l'avenir

Il est essentiel que le secteur de l'eau se focalise sur les nouvelles frontières du traitement de l'eau et de la production énergétique. Un des défis les plus importants du secteur de l'eau est le besoin de créer une « référence absolue » de traitement secondaire bien plus efficace énergétiquement afin de remplacer le procédé de boues activées datant de 100 ans. Plusieurs chercheurs concentrent leurs efforts sur l'application d'un traitement secondaire anaérobie à grande échelle. Les technologies émergentes représentent un formidable potentiel pour révolutionner encore plus l'industrie du traitement de l'eau. Pour que des changements significatifs aient lieu, il faut de nouvelles façons de penser et de nouvelles pratiques, ce qui entraine inévitablement des risques. Pour les services plus petits, la première étape est de comprendre les technologies existantes et innovantes, mais aussi le rôle important des « pôles d'innovation sur l'eau » privés et publiques, et des organisations académiques, dans l'avancement de ces technologies et la réduction des risques pour les services individuels. Les risques associés au fait d'essayer et de mettre en place de nouvelles technologies incluent les risques :

- Technologiques
- Financiers
- Réglementaires
- Commerciaux.

Les risques peuvent être réduits grâce à des recherches collaboratives et du partage d'information, des procédures innovantes de passation et du partage complet d'information au niveau de tout le secteur. Les services les plus grands n'ont pas seulement la capacité, mais aussi la nécessité, de faire des recherches en interne pour développer et démontrer des technologies et concepts du futur. Il y a plusieurs technologies innovantes qui sont actuellement en train d'être développées, certaines d'entre elles présentant une grande chance de devenir la norme dans les décennies à venir. Les technologies innovantes et émergentes incluent les techniques de traitement à faible énergie (ex : traitement secondaire anaérobie, élimination biologique de l'ammoniac à faible énergie et piles à combustible microbiennes) et les approches de traitement produisant de l'énergie (ex : conversion thermochimique des biosolides en électricité ou combustible ; algues pour biocarburants ; matières grasses, huiles et graisses en biodiesel).

Études de cas

La Section 9 présente deux types d'études de cas. Les études de cas « Succès » (or rétroactifs) offrent des descriptions de services avec des programmes énergétiques très bien développés et expliquent comment leurs approches soutiennent les idées et méthodes décrites dans *Le plan énergétique*. Les études de cas « Essais » (ou planifiés) offrent des descriptions de services qui utiliseront *Le plan énergétique* pour développer et améliorer leurs programmes énergétiques.

RÉFÉRENCES

U.S. Environmental Protection Agency (2011) *Opportunities for Combined Heat and Power at Wastewater Treatment Facilities : Market Analysis and Lessons from the Field* (Opportunités pour la combinaison de chaleur et d'énergie dans les stations d'épuration : étude de marché et leçons de terrain) ; U.S. Environmental Protection Agency, Combined Heat and Power Partnership : Washington, D.C.

Water Environment Research Foundation (2012) *Life Cycle Assessment Manager for Energy Recovery* (LCAMER) (Gestionnaire d'analyse de cycle de vie pour la récupération énergétique) ; Water Environment Research Foundation : Alexandria, Virginia.

Wiser, J. ; Schettler, J. ; Willis, J. (2012) *Evaluation of Combined Heat and Power Technologies for Wastewater Treatment Facilities* (Evaluation des technologies de chaleur et énergie combinées pour les stations d'épuration) ; EPA-832/R-10-006 ; Prepared for Columbus Water Works, Columbus, Géorgie; Brown and Caldwell : Atlanta, Georgia.

section 01

Introduction

« Durant les prochaines décennies, notre industrie va se transformer. À l'origine centrée sur les déchets, elle va devenir un commerce de production de ressources avec l'énergie au cœur. »

ALICIA CHAKRABARTI

Ingénieur en eaux usées et énergie, District des services municipaux d'East Bay, Oakland, California

Au début du 20e siècle, en Amérique du Nord, le traitement des eaux usées a été révolutionné grâce à l'adoption généralisée du traitement centralisé. Un demi-siècle plus tard, l'U.S. Environmental Protection Agency (Agence américaine de protection de l'environnement) a été formée et le « Clean Water Act » (Loi de protection sur l'eau) est devenu une loi, ce qui a mené à l'application à grande échelle du traitement secondaire des eaux usées. Actuellement, pendant le 21 siècle, l'industrie est à l'aube de subir un changement similaire, avec les dirigeants de service disant au revoir au traitement centralisé des eaux usées en tant que procédé de ressources intensives qui consomme de l'énergie, des produits chimiques et des terres pour produire un effluent rejeté dans l'environnement aquatique. En effet, l'industrie est maintenant en train d'explorer des approches innovantes pour extraire et réutiliser les ressources, de façon rentable, en combinant des procédés naturels avec des innovations technologiques avant-gardistes permettant de transformer des produits appelés autrefois « déchets » en produits précieux, tels que de l'eau propre, des nutriments vitaux et de l'énergie renouvelable.

Certains services avant-gardistes ont déjà commencé ces changements (voir Section 9 pour les études de cas) et d'autres se préparent à faire de même. Les leaders de l'industrie sont persuadés que des progrès considérables seront observés dans les 20 prochaines années pour atteindre cet objectif, changeant considérablement les normes actuelles de pratique qui seront perçues comme archaïques en rétrospection. De plus, ils sont convaincus que tous les services amélioreront de façon significative leur gestion énergétique, en réduisant leur utilisation énergétique et en générant de l'énergie renouvelable additionnelle. Même si les services se lancent dans cette aventure, car cela est fiscalement prudent, ils bénéficieront aussi d'un soutien accru des acteurs clés, car c'est la « bonne » chose à faire pour l'environnement. Enfin, ils pensent que dans les 20 prochaines années, l'industrie éliminera essentiellement la combustion de biogaz et réduira l'utilisation énergétique du traitement secondaire d'au moins 20%, tout en améliorant la qualité des produits finaux.

QUELS SONT LES VECTEURS D'UNE DURABILITÉ ÉNERGÉTIQUE ?

Les ressources limitées, contraintes financières, attentes du client, valeur accrue des énergies renouvelables, changements climatiques et un intérêt croissant pour la durabilité environnementale favorisent la transformation des stations de traitement en stations de récupération des ressources. Il existe dans le monde plusieurs stations de récupération des ressources de l'eau (StaRRE) qui ont atteint le but d'avoir une production d'électricité supérieure à la consommation, et beaucoup d'autres se rapprochent de cet objectif. Afin de soutenir l'avancée de l'industrie, la Water Environment Federation (WEF) et les leaders de l'industrie ont identifié le besoin d'un guide énergétique pour tous les services d'eau (ici, le terme eau a pour but d'inclure à la fois les activités d'eau potable et celles d'eaux usées), de toute taille. Par conséquent, *Le plan énergétique : un guide pour une gestion énergétique plus durable des services d'eau et d'eaux usées* a été créé. Bien qu'il ne soit pas pratique pour tous les services de devenir positif ou neutre énergétiquement, tous les dirigeants de service peuvent prendre des décisions vers l'augmentation de leur durabilité énergétique pour mieux servir les clients.

MATRICES DE GESTION ÉNERGÉTIQUE

Les matrices de gestion énergétique (ou matrices), constituées de 6 tableaux, un pour chaque domaine de gestion énergétique, représentent le cœur du « *Plan énergétique* ». Chaque tableau contient des caractéristiques de service organisées par thème, dont la progression se fait de « activer », « intégrer » à « optimiser » (voir Tableaux 1.1 à 1.6). Le contenu de ces matrices vient d'un sommet pour les leaders de l'industrie de l'eau et de l'énergie organisé par la WEF, sur invitation seulement, à Raleigh, Caroline du Nord, en mars 2012. Les résultats de la discussion énergétique du sommet ont été organisés en suivant la structure développée par le secteur de l'énergie électrique pour s'approcher de la technologie de « réseau intelligent » (Software Engineering Institute, 2011). Depuis, un groupe dévoué de leaders de l'industrie ayant une large variété d'expertises ont raffiné les matrices.

DÉROULÉ DU GUIDE

Les six matrices donnent la structure du *Plan énergétique* (voir Figure R.1). Les sections 2 à 7 offrent une description des différents domaines des six matrices. Chaque thème (ou ligne dans les matrices) est une sous-section du « Plan énergétique ». Les caractéristiques du service venant de la matrice sont présentées sous forme de graphique au début de chaque sous-section afin de montrer la progression de l'étape initiale de planification (« activer ») vers l'application (« intégrer ») et enfin, l'expansion et l'amélioration en continu (« optimiser »).

En moyenne, le contenu énergétique des eaux usées (chimique, hydraulique et thermique) est bien plus grand que l'énergie requise pour les traiter (Tchobanoglous et al., 2009).

Les stations d'épuration énergétiquement neutres sont possibles, mais seulement quelques-unes ont actuellement atteint cet objectif.

Le plan énergétique est organisé par domaines (représentés sur la gauche de la Figure R.1) et par niveaux de progression au sein de chaque domaine (représentés en haut de la Figure R.1). Les flèches verticales entre les domaines représentent la façon dont le document est organisé et ne signifient pas qu'il existe une progression linéaire par étape entre les différents domaines.

Domaines

Les domaines incluent à la fois les aspects organisationnels et techniques de la gestion énergétique :

▶ **GESTION STRATÉGIQUE**

politiques de gestion, pratiques et objectifs mesurables de haute qualité définissent les fondations d'une gestion énergétique durable ;

▶ **CULTURE ORGANISATIONNELLE**

application d'une vision énergétique afin de créer une culture organisationnelle qui valorise une utilisation énergétique efficace à tous les niveaux et qui soutient un champion énergie, ainsi qu'une équipe énergie transversale ;

▶ **COMMUNICATION ET DIFFUSION**

outils pour une communication bidirectionnelle avec les acteurs clés de la gestion énergétique ;

▶ **GESTION DE LA DEMANDE**

méthodes pour mesurer et réduire l'utilisation et les coûts énergétiques, incluant une analyse de la facturation énergétique, un audit énergétique, un suivi et un contrôle de l'énergie en temps réel ;

▶ **PRODUCTION ÉNERGÉTIQUE**

outils pour que le service évalue les besoins et la façon d'augmenter la production sur site d'énergies renouvelables et/ou d'investissements, incluant des sources inhérentes à l'eau et d'autres sources supplémentaires d'énergie renouvelable ;

▶ **INNOVER POUR L'AVENIR**

un guide pour les services de toute taille afin de favoriser les recherches existantes sur les approches et technologies émergentes et innovantes, d'augmenter l'innovation en interne et de gérer les risques associés à ces projets.

Niveaux de progression

Les trois niveaux de progression au sein de chaque domaine sont définis de la sorte :

▶ **NIVEAU 1** — ACTIVER

décrit les caractéristiques du processus de planification, incluant le démarrage des premières étapes et le lancement des composants du programme énergétique ;

▶ **NIVEAU 2 — INTÉGRER**

décrit l'application du processus, incluant l'établissement et l'utilisation de la structure d'un programme énergétique pour que l'adoption par tout le service soit un succès ;

▶ **NIVEAU 3 — OPTIMISER**

décrit les caractéristiques associées à davantage d'amélioration et à des réglages fins du programme énergétique, pour ensuite les étendre en dehors du service.

	ACTIVER	INTÉGRER	OPTIMISER

Direction stratégique	**DÉFINIR LES OBJECTIFS**
	• Objectifs énergétiques et indicateurs clés de performance établis pour la conservation (voir *Gestion de la demande*) et la production (voir *Production énergétique*).
		RASSEMBLER LE SOUTIEN
		• Le service incorpore les objectifs énergétiques et les indicateurs clés de performance au plan stratégique.
		• Le conseil d'administration établit un comité énergétique/de durabilité.
			HIÉRARCHISER ET APPLIQUER
			• Les initiatives de gestion énergétique privilégiées en utilisant des outils tels que :
			  • Planification stratégique d'affaires et gestion efficace du service
			  • Systèmes de gestion environnementale.
			• La production énergétique fait partie des services offerts.
			• Le service applique les normes ISO 50001.
			• Le service utilise la méthode du *Triple Bottom Line*[a] pour la prise de décision concernant des projets de durabilité.

Viabilité financière	**IDENTIFIER LES OPTIONS DE FINANCEMENT** • Stratégie financière développée pour soutenir l'audit énergétique et financer les projets en résultant.	**BUDGET POUR RÉUSSIR** • Analyse de cycle de vie pour la prise de décision des projets d'énergie. • Utilisation d'énergie considérée pour tous les projets d'investissement, et les décisions de budget opérationnel/ normes de pratiques opérationnelles.	**INVESTIR POUR L'AVENIR** • Les initiatives énergétiques du service génèrent suffisamment de revenus pour investir dans d'autres priorités du service et réduire la pression ascendante sur les taux. • Les opportunités d'arbitrage énergétique sont favorisées.
Partenariats	**ÉVALUER LES OPPORTUNITÉS** • Les opportunités de collaboration sur des projets énergétiques (i.e société de services énergétiques, coentreprise, partenariat public/privé) sont analysées. • Différents marchés pour les produits énergétiques sont identifiés.	**ÉTABLIR DES CONNEXIONS** • Contrats avec des partenaires en place et utilisés pour gérer l'échange de données et planifier avec les services d'eau, d'énergie et de gaz. • Les efforts de planification du service sont intégrés à d'autres agences en fonction de différentes ressources (ex : eau, eaux pluviales, etc.)	**OPTIMISER LES RESSOURCES** • Le service utilise les partenariats pour maximiser les revenus de vente énergétique et/ou réduire la demande (ex : vente d'énergie ou de biogaz à des usines voisines, travail avec des fournisseurs de matière première pour la co-digestion).
Vers une neutralité carbone	**PLANIFIER L'ANALYSE DE L'EMPREINTE CARBONE** • L'approche pour analyser l'empreinte cabone/faire l'inventaire des GES[b] est établie.	**INVENTAIRE D'ÉMISSION GES** • L'empreinte carbone / inventaire GES est développé.	**EXTRAIRE LES RESSOURCES** • Les ressources additionnelles sont extraites ou mesurées (i.e crédits carbone) quand le service va vers une neutralité carbone. • L'empreinte carbone / l'inventaire GES complet maintenus, incluant émissions fugitives et énergie intrinsèque d'entrées significatives (ex : produits chimiques).

TABLEAU 1.1

Gestion stratégique — caractéristiques de la progression du service.

	ACTIVER	INTÉGRER	OPTIMISER
Vision énergétique	**DÉVELOPPER LA VISION** • Le groupe directeur développe une vision énergétique. • L'instance dirigeante adopte la vision énergétique en tant que politique. • Le groupe directeur communique la vision énergétique au personnel.	**COMMUNIQUER À L'INTERNE** • Le groupe directeur connecte la vision énergétique aux plans de performance des employés. • Le groupe directeur incorpore les objectifs énergétiques / indicateurs clés de performance au plan stratégique.	**COMMUNIQUER À L'EXTERNE** • Le service partage la vision énergétique avec des acteurs externes et l'industrie. • Plans en place pour inclure les changements du marché.
Équipe énergie	**CONSTITUER L'ÉQUIPE** • Le service constitue une équipe énergie transversale. • Le groupe directeur établit un budget et une autorité clairs pour l'équipe énergie, avec des rôles définis pour les membres.	**AGIR ET FAIRE LE SUIVI** • L'équipe énergie dirige l'application des recommandations. • L'équipe énergie rapporte systématiquement les progrès et les actions futures.	**RESPONSABILISER L'ÉQUIPE** • L'équipe énergie possède une autorité budgétaire significative pour appliquer les améliorations. • L'équipe énergie interagit directement avec l'instance dirigeante pour être orientée et mettre à jour sur le statut du programme énergétique.
Formation du personnel et harmonisation	**DÉFINIR LE PLAN DE FORMATION** • Les plans de performance des employés incluent des activités en lien avec le programme énergétique pour soutenir la vision énergétique. • Les besoins de formation pour dirigeants du service et employés sont identifiés.	**FORMER/SOUTENIR LES EMPLOYÉS** • Les employés formés en gestion de la demande et production énergétique. • Les employés maintiennent une connaissance sur les technologies émergentes grâce à des événements de partage d'information.	**RESPONSABILISER LES EMPLOYÉS** • Le groupe directeur établit des incitations pour favoriser l'économie d'énergie. • Le groupe directeur responsabilise les employés afin de les inciter à appliquer des changements pour l'économie d'énergie.

TABLEAU 1.2

Culture organisationnelle — caractéristiques de la progression du service.

	ACTIVER	INTÉGRER	OPTIMISER
Clients et communauté	• Stratégie de diffusion auprès des clients et d'éducation liée aux besoins du projet et attentes clients. • Groupes communautaires identifiés pour la diffusion afin d'obtenir le soutien du programme.	• Programme proactif de diffusion auprès des clients (ex : encarts de facturation, visites, site internet, feuillets d'information) se focalisant sur les bénéfices environnementaux et la rentabilité.	• Service impliquant les clients pour aider à atteindre les objectifs du programme énergétique (ex : collecte locale de graisse).
Réglementaires et législatifs	• Les régulateurs clés identifiés et des relations de travail efficaces sont établies (ex : régulations relatives à l'air et les solides). • Stratégie législative développée pour augmenter les opportunités et minimiser les obstacles du programme énergétique.	• Régulateurs clés éduqués sur la relation holistique énergie / eau. • Service revendiquant des régulations unifiées pour répondre aux problèmes multi-milieux. • Collaboration régionale avec d'autres agences mise en place (ex : pour des changements de financement ou de politique).	• Service travaillant avec des associations industrielles pour influencer les régulateurs/législateurs afin de créer des incitations encourageant une utilisation énergétique efficace et augmentant la production d'énergies renouvelables. • Service influençant agences de financement pour donner la priorité aux projets énergétiques du secteur de l'eau. • Les régulateurs et le service travaillant ensemble pour résoudre les problèmes multi-milieux.
Diffusion médiatique	• Organes de presse identifiés et stratégies développées.	• Kit médiatique développé (ex : vidéos, capsules audio, photos et articles de presse).	• Les employés du service travaillent spécifiquement sur la communication avec la presse.
Groupes de protection de l'environnement	• Stratégie de diffusion pour soutenir les projets énergétiques. • Les partenaires appropriés sont identifiés.	• Service partageant les activités du programme énergétique (ex : visites, feuillets d'information, etc.).	• Programmes conjoints et diffusion qui soutient les objectifs des deux organisations.
Secteur de l'eau	• Les employés énergétiques clés font du réseautage à des événements industriels locaux/régionaux et dans groupes de partage de l'information.	• Les succès, échecs et leçons apprises sont partagés à des événements du secteur.	• Les employés énergétiques mènent des initiatives afin de soutenir les avancées du secteur en durabilité.

TABLEAU 1.3

Communication et diffusion — caractéristiques de la progression du service.

	ACTIVER	INTÉGRER	OPTIMISER
Coûts électriques et facturation	**S'ORGANISER** • Faire un historique des factures électriques analysées (de préférence plus de 2 ans de données).	**COMPRENDRE LES DÉTAILS** • Structure des taux et détail des factures compris • Frais de demande • Frais énergétiques, coûts unitaires et temps d'utilisation • Période de facturation	**APPLIQUER LES CHANGEMENTS** • Modifications de facturation et/ou opérationnelles faîtes pour réduire les coûts • Nouvelle structure des taux sélectionnée • Charges modifiées pour réduire les frais de demande en heures de pointe et les coûts unitaires.
Mesure et contrôle de l'électricité	**DÉTERMINER UNE VUE D'ENSEMBLE** • Utilisation énergétique de base et référentiels déterminés. • Besoins de compteurs énergétiques divisionnaires identifiés. • Systèmes SCADA[a] et capacités de suivi énergétique identifiés.	**DÉTERMINER UNE UTILISATION PAR PROCÉDÉ CLÉ** • Utilisation énergétique pour chaque unité significative de procédé déterminée. • Utilisation énergétique comparée à d'autres usines de taille/type similaire pour identifier zones cibles de réductions énergétiques. • Utilisation électrique et données de procédé analysées ensemble. • Gestion de la charge (perte/coupure) en place.	**SUIVRE ET CONTRÔLER EN TEMPS RÉEL** • Utilisation électrique par consommateur significatif d'énergie suivie en temps réel. • Contrôle en temps réel en place (ex : SCADA) pour mesurer l'utilisation énergétique et l'efficacité des équipements grâce à un mode d'affichage convivial (i.e. « tableau de bord énergétique »). • Excès de production énergétique relayé vers d'autres actifs ou entités.
Gestion énergétique	**COMMENCER L'AUDIT** • L'équipe énergie effectue l'audit énergétique. • Objectifs définis pour réduire l'utilisation et les coûts énergétiques.	**APPLIQUER LES RECOMMANDATIONS** • Les recommandations rentables de l'audit sont appliquées. • L'équipe énergie compare les résultats obtenus à ceux planifiés.	**PLANIFIER POUR L'AVENIR** • Économies d'énergie incorporées à la conception de tous les futurs projets d'investissement et nouvelles stratégies opérationnelles.
Contrôle à la source	**COMPRENDRE L'AFFLUENT** • Charges (industrielle, utilisation d'eau, I&I[b]) comprises et évaluées par rapport aux requis en énergie du traitement et potentiel de production énergétique.	**GÉRER LA CHARGE** • Méthodes en place pour gérer les charges d'affluent afin de réduire l'utilisation énergétique (ex : optimisation surcharge industrielle, programme de réduction I&I, etc.). • Méthodes recherchées pour réduire les débits.	**AMÉLIORER L'ENVIRONNEMENT** • Sources gérées pour réduire l'utilisation énergétique et maximiser le potentiel de production énergétique (ex : incitations appropriées pour transporter des rejets à forte charge).

TABLEAU 1.4

Gestion de la demande — caractéristiques de la progression du service.

[a] SCADA = Supervisory Control and Data Acquisition *(Contrôle-commande et acquisition de données)*
[b] I&I = Infiltration and Inflow – Infiltration et eaux parasites.

	ACTIVER	INTÉGRER	OPTIMISER
Stratégie	**DÉFINIR L'OBJECTIF DE PRODUCTION** • Objectif mesurable de production énergétique établi. • Plan de production énergétique coordonné avec le plan stratégique du service. • L'équipe énergie comprend les limites réglementaires et de permis (ex : émissions atmosphériques) en lien avec la production.	**OBTENIR DU SOUTIEN** • L'organe directeur approuve le budget pour les projets de production énergétique. • Les problèmes réglementaires ont été traités et résolus de façon satisfaisante.	**FAIRE GRANDIR LE PROGRAMME** • L'infrastructure pour la production énergétique est maintenue, rénovée et améliorée de façon proactive. • Méthodologies d'évaluation holistique (ex : *Triple Bottom Line*) utilisées pour évaluer les opportunités de production énergétique.

Énergie à partir de l'eau	**ÉVALUER LES SOURCES ÉNERGÉTIQUES INTÉGRÉES**
	• Les ressources énergétiques disponibles sont quantifiées, telles que
	  • Biogaz,
	  • Hydroélectricité,
	  • Chaleur.
		APPLIQUER LES SYSTÈMES DE PRODUCTION
		• Les usines de production énergétique exploitent et produisent l'énergie / la chaleur pour une utilisation par le service
		  • Électricité / chaleur
		  • Combustible (gaz naturel, pellets, etc.).
			OPTIMISER LA PRODUCTION
			• Production énergétique optimisée pour maximiser la valeur de génération (ex : stockage du biogaz pour achats énergétiques compensatoires durant les heures de pointe).

Sources énergétiques supplémentaires	**IDENTIFIER LES SOURCES ÉNERGÉTIQUES SUPPLÉMENTAIRES**
	• Des sources énergétiques non dérivées de l'eau qui sont disponibles quantifiées, telles que
	  • Co-digestion,
	  • Solaire,
	  • Éolienne.
	• Évaluation du marché de matière première effectuée.
		APPLIQUER LES SYSTÈMES DE PRODUCTION
		• Les usines de production énergétique exploitent et produisent de l'énergie / de la chaleur ou du combustible.
		• La quantité et qualité des matières premières s'alignent avec la capacité.
			MAXIMISER LA PRODUCTION
			• La production électrique sur site à partir de toutes les sources se rapproche ou excède la demande électrique sur site.
			• Rejets organiques à forte charge (ex : nourriture, gras, huiles et graisses, etc.) intégrés à l'approvisionnement en matières premières pour augmenter potentiel de production.

Certificats d'énergie renouvelable (CERs)	**PLANIFIER POUR LES CERs** • Les employés comprennent mieux les régulations sur les normes d'inclusion d'énergies renouvelables et production/vente de CERs.	**UTILISER LES CERs** • Le service produit, vend et/ou achète des CERs, selon le besoin.	**MAXIMISER LES VALEURS CERs** • Ventes et achats de CERs optimisés afin de maximiser la valeur des ressources, utilisant potentiellement l'automatisation.

TABLEAU 1.5

Production énergétique — caractéristiques de la progression du service.

	ACTIVER	INTÉGRER	OPTIMISER
Recherche et développement (R&D)	**PLANIFIER LA R&D** • Employés bien initiés aux technologies existantes. • Opportunités identifiées en examinant les technologies émergentes.	**EFFECTUER LA R&D** • Le budget du service inclut le financement R&D. • Le service participe activement à des partenariats d'innovation dans l'eau (ex : centres d'innovation en eau, organismes subventionnaires de recherche, partenariats universitaires, etc.).	**ÉTENDRE LA R&D** • Culture du service ouverte à de nouvelles technologies. • Des visites d'usines utilisant des technologies innovantes ont lieu régulièrement. • Essais complets et projets de recherche favorisant de plus amples avancées dans l'industrie.
Gestion du risque	**IDENTIFIER ET HIÉRARCHISER LES RISQUES** • Risques liés à l'innovation identifiés. • Stratégie développée pour limiter risques. • Planification inclut des mesures pour s'adapter aux changements climatiques (ex : événements extrêmes).	**LIMITER LES RISQUES** • Risques réduits grâce à une recherche collaborative et un partage d'informations. • Le groupe directeur reconnait et récompense les approches innovantes.	**FAVORISER L'INNOVATION** • L'organisation peut succéder dans le test et l'application de projets innovants et est capable de s'adapter aux opportunités émergentes. • Brevets obtenus pour protéger le service et le secteur de l'eau.
Technologies alternatives de traitement	**ÉVALUER LES TECHNOLOGIES** • Technologies qui réduisent l'utilisation énergétique ou augmentent la production énergétique identifiées.	**INITIER LES ESSAIS** • Technologies avancées de traitement à faible énergie et technologies de production énergétiques testées.	**APPLIQUER LA SOLUTION À GRANDE ÉCHELLE** • Les procédés à plus faible consommation énergétique remplacent le traitement secondaire à forte consommation énergétique.
Approches alternatives de gestion	**IDENTIFIER DES ALTERNATIVES** • Options de traitement décentralisé considérées. • Planification effectuée au niveau du bassin versant.	**APPLIQUER LES ALTERNATIVES** • Projets d'infrastructure verte appliqués au besoin. • Régionalisation améliorée (ex : procédé de biosolides) considérée et appliquée au besoin.	**ÉTENDRE L'INTÉGRATION** • Approches d'alternatives de gestion (ex : décentralisation, régionalisation, etc.) utilisées, au besoin, pour maximiser les bénéfices généraux au niveau de la région.

TABLEAU 1.6

Innover pour l'avenir — caractéristiques de la progression du service.

COMMENT UTILISER LE GUIDE

La progression vers un service du futur est basée sur un processus d'amélioration en continu. Tout d'abord, les dirigeants de service devraient sélectionner un objectif qui peut être atteint de manière réaliste dans un délai de 3 à 10 ans. Les dirigeants de service devraient choisir un objectif qui est mesurable et ensuite, suivre les progrès. Un service qui est novice dans le domaine de la gestion énergétique pourrait sélectionner comme objectif initial, d'augmenter l'efficacité et l'économie énergétiques (ex : réduire l'utilisation énergétique de 3% dans les 3 prochaines années). Inversement, un service qui a un long historique dans l'efficacité énergétique et qui a aussi commencé à produire sa propre énergie grâce à une digestion anaérobie pourrait peut-être sélectionner comme objectif d'avoir une production supérieure à sa consommation. Tous les services ne peuvent pas devenir « énergétiquement positifs », et ils ne devraient pas s'attendre à le devenir.

Il est recommandé d'utiliser un processus simple pour identifier et hiérarchiser les domaines avec lesquels commencer. L'approche recommandée utilise le processus efficace de hiérarchisation de gestion du service qui a été développé par une équipe collaborative, incluant l'agence américaine de protection de l'environnement et six associations nationales d'eau (*American Public Works Association*, *American Water Works Association*, *Association of Metropolitan Water Agencies*, *National Association of Clean Water Agencies*, *National Association of Water Companies* et *WEF*) (http:// www.watereum.org).

Les dirigeants de service devraient convoquer leurs groupes directeurs (en ajoutant potentiellement des élus, clients, etc.) et suivre ces trois étapes :

1. Utiliser la matrice pour déterminer le niveau actuel d'accomplissement/performance (activer à optimiser) dans chacun des six domaines.
2. Évaluer le niveau d'importance de chaque domaine pour le service
3. Hiérarchiser les domaines en sélectionnant et commençant avec celui où les deux pour lesquels une faible note a été collectivement assignée pour le niveau actuel d'accomplissement et une note élevée pour l'importance.

Dessiner les résultats d'évaluation, tels que présentés dans la Figure 1.1, peut aider à sélectionner les domaines prioritaires. Les domaines qui tombent dans la partie ombrée sont ceux sur lesquels se focaliser en premier (ex : Gestion de la demande [GD] et culture organisationnelle [CO]). Une fois que des progrès ont été effectués dans ces domaines prioritaires, le dirigeant de service devrait considérer travailler sur les domaines qui présentent la prochaine plus haute priorité pour son service (ceux les plus proches du cadre en bas à droite).

Il est important de définir des objectifs pour les niveaux de progression futurs et d'utiliser la narration, les études de cas et les références pour planifier les activités permettant d'avancer dans l'accomplissement de ces domaines. Enfin, après la phase d'application, les matrices devraient être utilisées pour déterminer de nouveaux niveaux de progression et ces niveaux devraient être comparés aux objectifs initiaux.

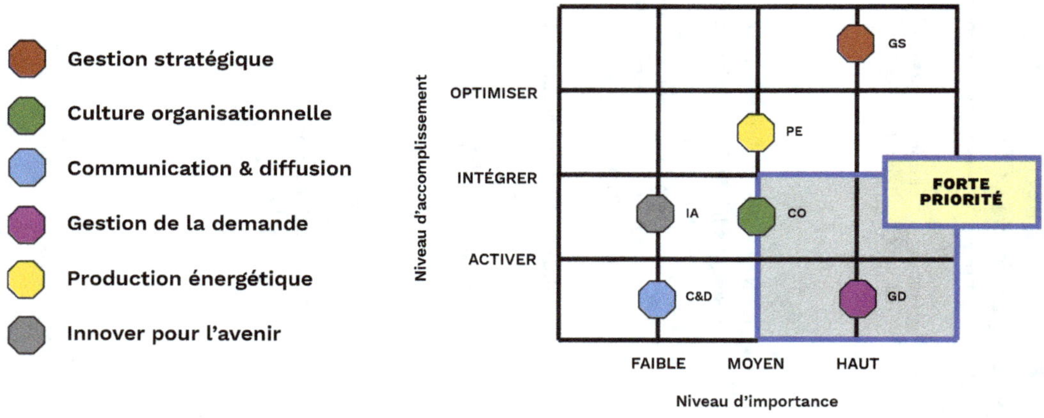

FIGURE 1.1

Niveaux d'importance et de progression pour hiérarchiser les domaines.

PORTÉE DU GUIDE

La durabilité énergétique est une partie de la durabilité générale des stations d'épuration. Dans l'avenir, WEF planifie de fournir des guides similaires pour la récupération des nutriments/métaux et le recyclage de l'eau qui comportent des composants importants pour le service du futur de l'industrie. Assurer un traitement de l'eau de haute qualité pour protéger la santé publique et l'environnement continuera d'être la responsabilité principale des opérateurs de stations de récupération des ressources de l'eau. Cependant, protéger l'environnement pour les générations futures (durabilité) requiert encore plus du secteur de l'eau. Le secteur de l'eau est dans la position unique de pouvoir produire plus d'énergie renouvelable que ce qui est nécessaire pour faire fonctionner ces installations. La durabilité énergétique, la récupération des nutriments/métaux et le recyclage de l'eau sont en train d'évoluer rapidement vers des pratiques essentielles additionnelles, attendues des services.

Le régulateur en chef américain de la qualité de l'eau potable et des eaux usées, U.S. EPA, a récemment publié Planning for Sustainability : A Handbook for Water and Wastewater Utilities (U.S. EPA, 2012) (Planifier pour la durabilité : un guide pour services d'eau et d'eaux usées). Les régulations aux États-Unis sur le dioxyde de carbone et les autres gaz à effet de serre (GES) ne sont probablement pas en retard. Dans beaucoup de pays européens, des marchés actifs de GES existent déjà et dans plusieurs états américains et provinces canadiennes, des marchés sont actuellement en train d'être développés.

DÉFINIR LES OBJECTIFS DE DURABILITÉ DES PROGRAMMES ÉNERGÉTIQUES

Réduire l'utilisation énergétique et augmenter la production énergétique ne sont pas les seuls objectifs possibles. L'équilibre entre l'efficacité énergétique et la récupération des ressources implique des concessions (voir Figure 1.2). Par exemple, traiter les eaux usées avec des normes plus élevées pour la réutilisation peut demander plus d'énergie que pour l'eau potable qu'elle remplace. De même, une augmentation de l'utilisation énergétique est souvent nécessaire pour traiter davantage les biosolides afin de maximiser le potentiel de réutilisation et la récupération des nutriments et minéraux (ex : azote, phosphore, et magnésium). Ces concessions doivent être comprises et gérées afin d'atteindre un objectif spécifique de durabilité du service. En résumé, il n'existe pas un seul modèle qui marche pour tous les services.

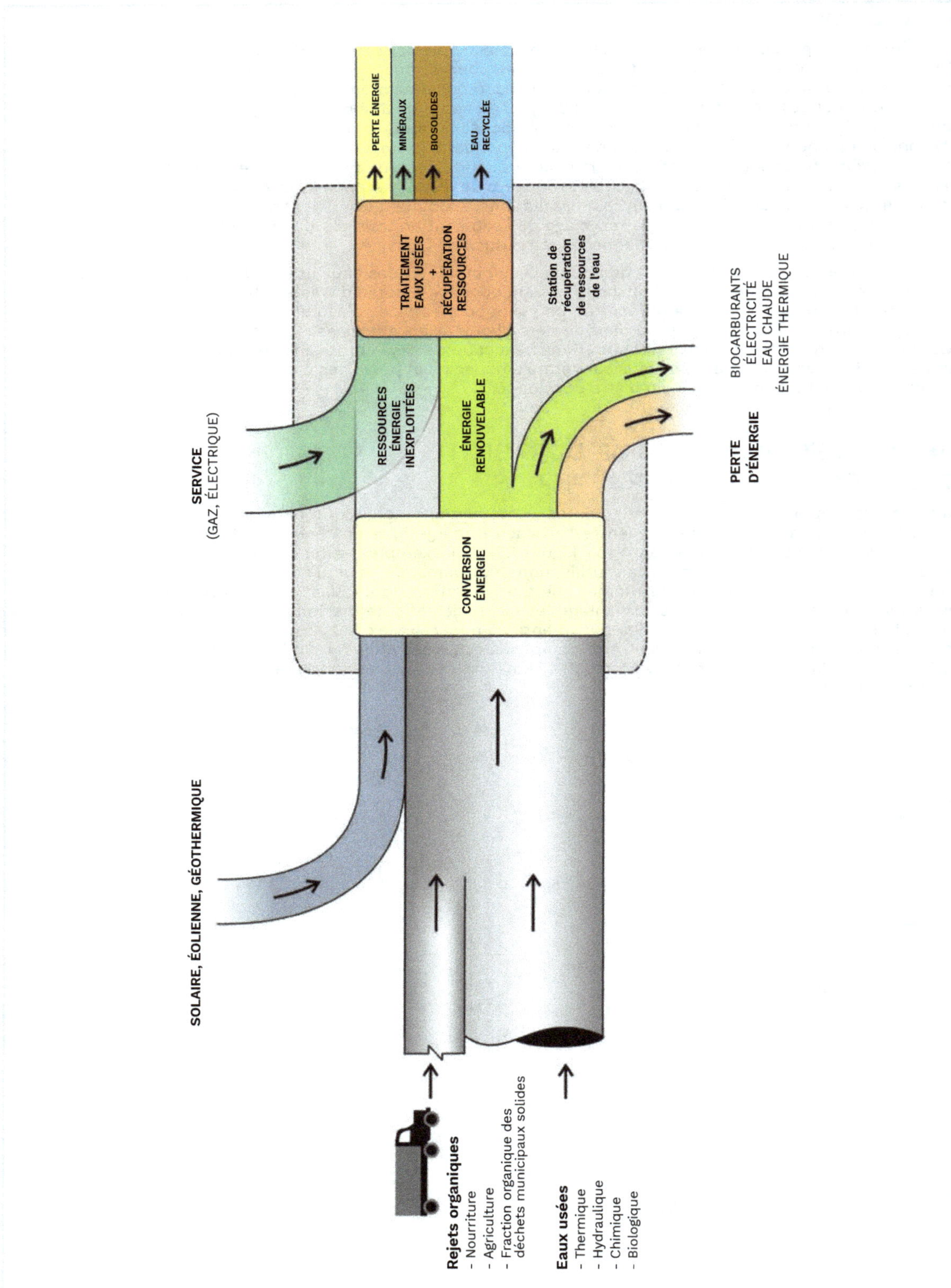

FIGURE 1.2

Débits énergétique schématique d'une station de récupération de ressources de l'eau.

* Parry, D.L., Energy Efficient Resource Recovery, Internal CDM Smith document, 2012.

Software Engineering Institute (2011) *Smart Grid Maturity Model : SGMM* Définition du modèle, Version 1.2 Septembre 2011 ; Rapport technique CMU/SEI-2011-TR-025 ; Software Engineering Institute : Pittsburgh, Pennsylvania.

Tchobanoglous, G. ; Leverenz, H. ; Gikas, P. (2009) *Impacts of New Concepts and Technology on the Energy Sustainability of Wastewater Management, Climate Change, Sustainable Development, and Renewable Energy Sources* (Impacts de nouveaux concepts et de la technologie sur la durabilité énergétique de la gestion des eaux usées, des changements climatiques, du développement durable et des sources d'énergie renouvelable) ; Papier présenté à Changements climatiques, développement durable et sources d'énergie renouvelable ; Thessaloniki, Grèce ; 15–17 oct.

U.S. Environmental Protection Agency (2012) *Planning for Sustainability : A Hand- book for Water and Wastewater Utilities* (Planifier pour la durabilité : un guide pour services d'eau potable et d'eaux usées) ; EPA-832-R-12-001 ; U.S. Environmental Protection Agency : Washington, D.C.

section 02

Gestion stratégique

« Une direction stratégique claire fait évoluer le mot *déchet* vers *ressource* et assure les fondements pour avancer vers une durabilité énergétique au sein du service. »

CHRIS PEOT

Directeur des biosolides, DC Water, Washington, D.C.

Le domaine de *Gestion stratégique* est composé des thèmes suivants :

- ▶ **DIRECTION STRATÉGIQUE**
- ▶ **VIABILITÉ FINANCIÈRE**
- ▶ **PARTENARIATS**
- ▶ **VERS UNE NEUTRALITÉ CARBONE**

DIRECTION STRATÉGIQUE

ACTIVER	INTÉGRER	OPTIMISER
DÉFINIR LES OBJECTIFS	RASSEMBLER	PRIORISER ET METTRE EN ŒUVRE
• Objectifs énergétiques et indicateurs clés de performance établis pour la conservation (voir *Gestion de la demande*) et la production (voir *Production énergétique*).	• Le service incorpore les objectifs énergétiques et les indicateurs clés de performance au plan stratégique. • Le conseil d'administration établit un comité énergétique/ de durabilité.	• Initiatives de gestion énergétique privilégiées en utilisant des outils tels que : • Planification stratégique d'affaires • Gestion efficace du service • Systèmes de gestion environnementale. • La production énergétique fait partie des services offerts. • Le service applique les normes ISO 50001. • Le service utilise la méthode du « Triple Bottom Line » pour la prise de décision sur des projets de durabilité.

Élaborer des politiques

Une direction stratégique efficace pour une gestion énergétique durable requiert de créer des objectifs énergétiques spécifiques. Les objectifs devraient suivre les principes « SMART » (i.e., spécifique, mesurable, accessible, réaliste et défini dans le temps). Ces objectifs peuvent prendre n'importe quelle forme et devraient refléter les priorités et circonstances du service, comme indiqué à la page précédente. Les politiques et indicateurs clés de performance devraient être développés et documentés dans un plan stratégique du service. Une autre façon d'augmenter la responsabilité et de s'assurer que la gestion énergétique est valorisée au sein du service est que l'organe directeur établisse un comité énergétique (ou un comité énergie/durabilité) pour suivre les progrès vers les objectifs (ex : voir déclaration politique et objectifs développés par St. Peters, Missouri, ci-dessous). Au cours du développement de ces objectifs, les dirigeants de service devraient considérer la mobilisation des acteurs clés, comme discuté dans la Section 4.

Les dirigeants de service peuvent utiliser des outils ou normes spécifiques de gestion, comme ISO 50001—Gestion énergétique (ISO, 2011), afin d'offrir une structure au programme de gestion énergétique du service (voir Annexe pour plus d'information sur l'utilisation de cette norme avec *Le plan énergétique*).

OBJECTIFS ÉNERGÉTIQUES POTENTIELS

75 % d'énergie produite sur site

20% d'économie énergétique

90% d'utilisation énergétique à partir de sources renouvelables

50% des employés utilisant les transports en commun

25% de réduction de l'empreinte énergétique du service

DÉCLARATION ET OBJECTIFS DE LA POLITIQUE ÉNERGÉTIQUE *(ST. PETERS, MISSOURI)*

DÉCLARATION POLITIQUE

Le département des services de la ville de St. Peters fera la promotion d'une utilisation énergétique efficace et d'une conservation des ressources naturelles pour combler les besoins en traitement de l'eau et des eaux usées de notre communauté de façon durable.

OBJECTIFS POLITIQUES

Améliorer en continu l'efficacité énergétique en établissant et en appliquant des programmes efficaces de gestion énergétique ; Mettre l'accent sur l'efficacité énergétique dans la conception de programmes et d'usines ; Mettre l'accent sur l'efficacité énergétique lors de l'acquisition de biens ; Encourager des économies énergétiques en continu par les employés dans leur travail quotidien ; Soutenir la réutilisation bénéfique des sous-produits organiques et chimiques des opérations de traitement afin d'améliorer l'environnement.

Promouvoir efficacement

Une promotion précise et efficace grâce à des déclarations politiques présente au public et aux décideurs les avantages de cette nouvelle orientation vers des opérations durables. Les stations de récupération des ressources de l'eau sont en voie de vraiment devenir des « stations vertes » qui transforment ces soi-disant « eaux usées » en terre, fertilisant, énergie renouvelable et eau recyclée, tout en protégeant la santé publique et en réutilisant ou envoyant l'eau propre à l'environnement.

VIABILITÉ FINANCIÈRE

ACTIVER	INTÉGRER	OPTIMISER
IDENTIFIER LE FINANCEMENT	BUDGET POUR RÉUSSIR	INVESTIR DANS L'AVENIR
• Stratégie financière développée pour soutenir l'audit énergétique et financer les projets en résultant.	• Analyse de cycle de vie utilisée pour la prise de décision des projets énergétiques. • Utilisation énergétique considérée pour tous les projets d'investissement et dans les décisions de budget opérationnel et de normes de pratiques opérationnelles.	• Initiatives énergétiques du service génèrent suffisamment de revenus pour investir dans d'autres priorités du service et réduire la pression ascendante sur les taux. • Opportunités d'arbitrage énergétique favorisées.

Repenser les matrices financières

Les employés, les responsables et les organes directeurs du service ont une responsabilité fiduciaire envers les contribuables et le grand public lorsqu'ils considèrent des investissements, ce qui inclut les technologies conçues pour améliorer les économies d'énergie, augmenter la production énergétique ou générer des produits pouvant être réutilisés. Il est important de tenir compte du cycle de vie des économies financières et des considérations de « Triple Bottom Line » (i.e, effets économiques, environnementaux et sociaux) d'une nouvelle technologie afin d'avoir une compréhension plus holistique des effets et implications à long terme plutôt que de simplement considérer les coûts de capital et les remboursements. L'utilisation de ces techniques d'analyse économique permet de restructurer la discussion des investissements en énergie durable en mettant l'accent sur leur rentabilité à long terme, ce qui n'est pas possible avec des métriques classiques de remboursement ou d'effet de taux à court terme.

* LE POUVOIR AUX GENS

EXEMPLE D'ÉCONOMIE D'ÉNERGIE

Un programme ciblé de gestion énergétique à Pittsfield, Massachusetts, basé sur les éléments du rapport *Ensuring a Sustainable Future : An Energy Management Guidebook for Wastewater and Water Utilities* (U.S. EPA, 2008) (Assurer un avenir durable : un guide de gestion énergétique pour les services d'eaux usées et d'eau potable) a mené à des améliorations d'efficacité énergétique, à l'installation d'un système de cogénération de biomasse pour une production électrique sur site et à l'installation d'un système solaire photovoltaïque de 1575 kW.

Il est anticipé que ces projets permettent au service d'économiser environ 84% des coûts énergétiques annuels (plus de 600 000$) et de produire environ 69% de son énergie à partir de sources renouvelables.

Économiser de l'énergie et de l'argent

À long terme, la réduction des importations énergétiques (grâce à la réduction de la demande et/ou la production de chaleur et d'énergie sur site) protègera le service des fluctuations des prix d'énergie et continuera d'assurer des économies pour de nombreuses décennies. Les économies ou revenus énergétiques obtenus à partir de la vente de l'excès d'énergie verte peuvent être utilisés pour réduire la pression croissante sur les taux ou pour réinvestir dans d'autres priorités du service. De plus, la production énergétique sur site offre un niveau supplémentaire de résilience vis-à-vis des coupures de courant, ce qui présente des avantages significatifs, même si la valeur est difficile à monétiser.

PARTENARIATS

ACTIVER	INTÉGRER	OPTIMISER
ÉVALUER LES OPPORTUNITÉS	ÉTABLIR UNE CONNEXION	OPTIMISER LES RESSOURCES
• Opportunités de collaboration sur des projets énergétiques (i.e société de services énergétiques, coentreprise, partenariat public/privé) analysés. • Différents marchés pour les produits énergétiques identifiés.	• Contrats avec des partenaires en place et appliqués pour gérer l'échange de données et planifier avec les services d'eau, d'énergie et de gaz. • Efforts de planification du service intégré à d'autres agences en fonction de différentes ressources (ex : eau, eaux pluviales, etc.)	• Le service utilise les partenariats pour maximiser les revenus de vente énergétique et/ou réduire la demande (ex : vente d'énergie ou de biogaz à des usines voisines, travail avec des fournisseurs de matière première pour la co-digestion).

Partenariats pour des financements alternatifs de projet

Les dirigeants de service peuvent développer des projets énergétiques grâce à des contrats classiques de conception-soumission-construction ou conception-construction, dans quel cas le service possède et exploite le bien, ou ils peuvent s'associer avec d'autres agences publics ou compagnies privées, dépendamment de leurs besoins et circonstances. Posséder et exploiter une usine est peut-être l'option la plus rentable à long terme, mais cela nécessite typiquement un investissement significatif de fonds et présente plus de risques. Les méthodes qui permettent de réduire les risques et les coûts de capital incluent la mise en place d'un accord d'achat énergétique ou d'autres types de contrat de location avec un développeur, ou alors la collaboration avec une compagnie de services énergétiques qui financera la construction ou les frais de rénovation et qui sera remboursée au cours du temps grâce à des économies ou des revenus. Les compagnies de services énergétiques offrent une expertise technique en efficacité énergétique et gestion de production énergétique, ainsi que du capital pour l'investissement (http://www.naesco.org).

Opportunités de subvention

Il existe de nombreux prêts à faible intérêt, subventions, remises et incitations qui offrent une assistance financière à des projets d'énergie renouvelable. Pour plus d'information, le lecteur peut consulter la base de données américaine et des incitations des services publics pour les énergies renouvelables et l'efficacité énergétique. (http://www.dsireusa.org).

VERS UNE NEUTRALITÉ CARBONE

ACTIVER	INTÉGRER	OPTIMISER
PLANIFIER L'ANALYSE DE L'EMPREINTE CARBONE	INVENTAIRE DES ÉMISSIONS DE GES	EXTRAIRE LES RESSOURCES
• Approche pour analyser l'empreinte carbone/faire l'inventaire des GES établis.	• Empreinte carbone/inventaire GES développé.	• Ressources additionnelles extraites ou mesurées (i.e crédits carbone) quand le service va vers une neutralité carbone. • Empreinte carbone/inventaire GES complet maintenus, incluant émissions fugitives et énergie intrinsèque d'entrées significatives (ex : produits chimiques).

Lorsqu'un service étudie comment diminuer son empreinte carbone, il devrait évaluer toutes les énergies qui vont dans le matériel utilisé. Une responsabilité holistique de toutes ces énergies, ou de « l'énergie incorporée », inclut l'énergie associée à l'extraction, la production et le transport de toutes les ressources du produit. Par exemple, l'énergie incorporée aux produits chimiques utilisés pour les opérations de traitement peut être prise en compte lorsque la performance énergétique de l'usine est évaluée. De plus, le service devrait considérer l'énergie incorporée généralement évitée, telle que celle venant d'une extraction réduite du phosphate lorsque l'épandage (ou la récupération directe des nutriments) est utilisé à la place de fertilisants chimiques.

La production d'énergie renouvelable et la réduction de l'utilisation énergétique sont des moyens de réduire l'empreinte carbone du service. De nombreux états américains, provinces canadiennes et pays du monde entier ont adopté des régulations qui obligent les fournisseurs d'électricité à inclure un certain pourcentage d'énergie renouvelable à leur portefeuille. Aux États-Unis et au Canada, cette exigence est appelée les *normes de portefeuille renouvelable*. Certaines régulations exigent également de rapporter les émissions de GES. À l'avenir, les états, provinces et régions vont probablement réguler les émissions de GES, ce qui va augmenter le coût des importations énergétiques et la valeur de l'énergie renouvelable produite. Ces changements rendent les projets d'économie énergétique et de production d'énergie renouvelable discutés dans ce document encore plus attrayants.

RÉFÉRENCES

Organisation internationale de normalisation (2011) ISO 50001—Gestion énergétique ; Organisation internationale de normalisation : Genève, Suisse.

U.S. Environmental Protection Agency (2008) *Ensuring a Sustainable Future : An Gestion énergétique Guidebook for Wastewater and Water Utilities* (Assurer un avenir durable : un guide de gestion énergétique pour les services d'eaux usées et d'eau potable) ; Bureau de la gestion des eaux usées ; U.S. Environmental Protection Agency : Washington, D.C.

section 03

Culture organisationnelle

« La culture du service rend possible et favorise les avancées vers une gestion énergétique durable. »

KAREN PALLANSCH

Directrice générale, Alexandria Renew Enterprises, Alexandria, Virginia

Le domaine de *Culture organisationnelle* est composé des thèmes suivants :

- **VISION ÉNERGÉTIQUE**
- **ÉQUIPE ÉNERGIE**
- **FORMATION DU PERSONNEL & HARMONISATION**

VISION ÉNERGÉTIQUE

ACTIVER	INTÉGRER	OPTIMISER
DÉVELOPPER VISION	COMMUNIQUER À L'INTERNE	COMMUNIQUER À L'EXTERNE
• Groupe directeur développe une vision énergétique. • Instance dirigeante adopte la vision énergétique en tant que politique. • Groupe directeur communique la vision énergétique au personnel.	• Groupe directeur connecte la vision énergétique aux plans de performance des employés. • Groupe directeur incorpore les objectifs énergétiques/indicateurs clés de performance au plan stratégique.	• Service partage la vision énergétique avec des acteurs externes et l'industrie. • Plans en place pour inclure les changements du marché.

Intégrer une vision énergétique à la planification stratégique

La gestion énergétique devient tangible lorsqu'un service officialise et rend prioritaire une « vision énergétique » qui est intégrée au processus de planification stratégique.

POUR LE RENDRE RÉEL, UTILISEZ VOTRE :

- √ **Plan stratégique**
- √ **Plan d'affaires annuel**
- √ **Indicateurs clés de performance**
- √ **Plan de performance des employés**

Comme discuté dans la Section 2, « Gestion stratégique », les métriques spécifiques doivent être traduites en indicateurs clés de performance (ICP) et incorporées dans les documents annuels de planification d'affaires ; de même, elles doivent être incluses dans les plans de performance des employés (voir Figure 3.1). Incorporer ces mesures au système de gestion de la performance et aux plans individuels de développement de chaque équipe et employé permet de responsabiliser chaque individu vis-à-vis du succès général du programme et de fournir à la direction un outil pour mesurer les progrès. La vision peut, et devrait, venir et être encouragée à tous les niveaux d'une organisation. Il est crucial que tous les employés soient investis dans le processus pour qu'ils adoptent, améliorent et appliquent la vision.

Intégrer une vision énergétique à la planification de projet

Inclure un accent sur l'énergie dans la planification de projet est une autre tactique cruciale pour réussir. Les dirigeants de service devraient intégrer des problèmes en lien avec l'énergie comme valeurs centrales et/ou critères de gestion lors de la prise de décision sur le projet et l'identification des priorités du programme. Inclure des critères de gestion permet de s'assurer que chaque projet ou programme considère l'énergie lors de la planification et l'application.

Utiliser une vision énergétique pour atteindre des objectifs énergétiques

Présenter visuellement les objectifs énergétiques peut aussi aider à les rendre plus tangibles. La Figure 3.2 montre comment des données historiques peuvent être tracées en fonction de données prévisionnelles, en se basant sur les objectifs énergétiques établis. Ce graphique montre comment un service planifie de réduire sa consommation énergétique générale (ce qui peut inclure l'électricité, le gaz naturel, le mazout de chauffage, le carburant de transport, etc.) et ses coûts grâce à une combinaison d'efficacité énergétique et production énergétique.

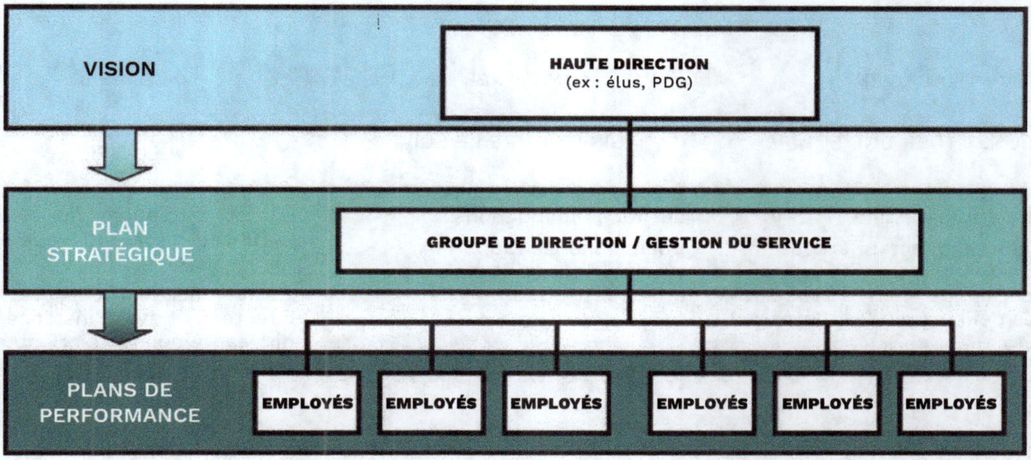

FIGURE 3.1

De la vision à la planification stratégique et de performance.

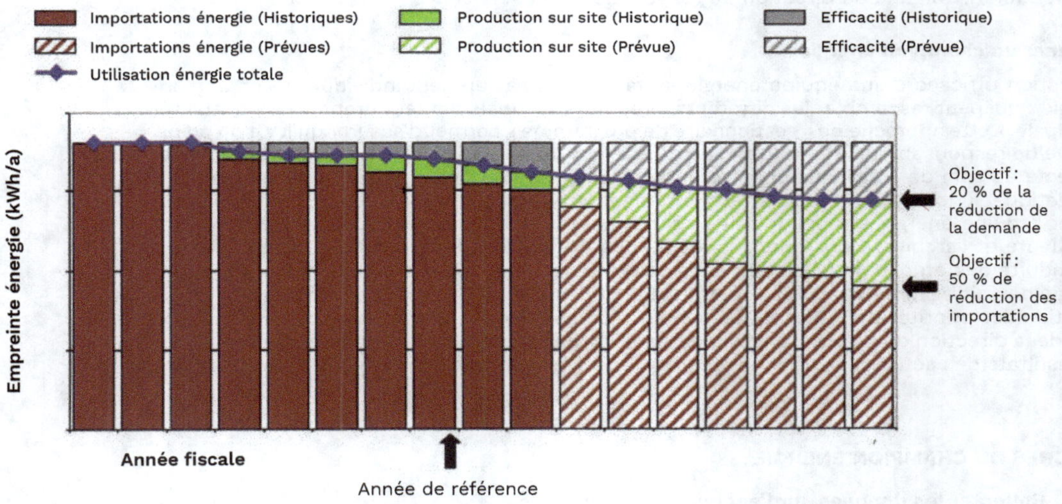

FIGURE 3.2

Développement et présentation visuelle de la vision énergétique et des objectifs.

ÉQUIPE ÉNERGIE

ACTIVER	INTÉGRER	OPTIMISER
CONSTITUER UNE ÉQUIPE	AGIR ET FAIRE LE SUIVI	RESPONSABILISER L'ÉQUIPE
• Le service constitue une équipe énergie transversale. • Le groupe directeur établit un budget et une autorité clairs pour l'équipe énergie, avec des rôles définis pour les membres.	• Équipe énergie dirige l'application des recommandations. • Équipe énergie rapporte systématiquement les progrès et actions futurs.	• Équipe énergie possède une autorité budgétaire significative pour appliquer les améliorations. • Équipe énergie interagit directement avec l'instance dirigeante pour être orientée et mettre à jour le programme énergétique.

Créer une équipe énergie efficace

Les dirigeants de service devraient établir une équipe énergie transversale qui s'implique dans la planification de projet, au niveau de tous les aspects des projets (i.e. investissements, changements opérationnels, répartition des avantages et marketing). Une équipe énergie typique inclurait des employés de l'ingénierie (civil, environnemental, électrique et systèmes de contrôle) ; opérations (incluant le contrôle de procédé) et maintenance (mécanique, électrique et appareillage) ; conformité réglementaire ; et planification (voir Figure 3.3).

L'équipe énergie devrait être responsable et recevoir une autorité claire du groupe général de direction (i.e organe de direction ou responsables du service).

Désigner un champion énergie

La gestion efficace d'une équipe énergie se fait mieux par un seul individu ou « champion énergie » qui peut rassembler les différents directeurs, lesquels ont leur propre responsabilité principale. Cette approche de « gestionnaire de programme » permet d'assurer qu'il y a un point unique de responsabilité. Cet individu, en plus d'être un bon responsable de projet, doit être respecté au sein de l'organisation, être enthousiaste et avoir des connaissances en gestion énergétique. Il doit également avoir explicitement le temps, les ressources et l'autorité pour diriger l'équipe énergie et appliquer les changements. Des tâches typiques peuvent inclure la collecte et l'archivage des données (et ICP), la gestion des réunions de l'équipe énergie, la conduite des études de faisabilité et le contrôle des factures énergétiques. Le champion énergie devrait également avoir un rôle dans la budgétisation des immobilisations et l'identification des priorités du projet. L'ensemble de l'équipe énergie devrait être responsable aux yeux de la direction du service, avec la présentation de rapports mensuels ou trimestriels sur les résultats des activités ou études récentes et sur les progrès pour atteindre les objectifs.

TÂCHES DU CHAMPION ÉNERGIE :

- √ **Collecter les données sur l'énergie**
- √ **Archiver les données sur l'énergie**
- √ **Rapporter/suivre les objectifs**
- √ **Animer les réunions de l'équipe énergie**
- √ **Effectuer des mesures sur l'énergie**
- √ **Vérifier les résultats**
- √ **Suivre les factures d'énergie**
- √ **Hiérarchiser le financement**
- √ **Définir le langage de l'approvisionnement en énergie**

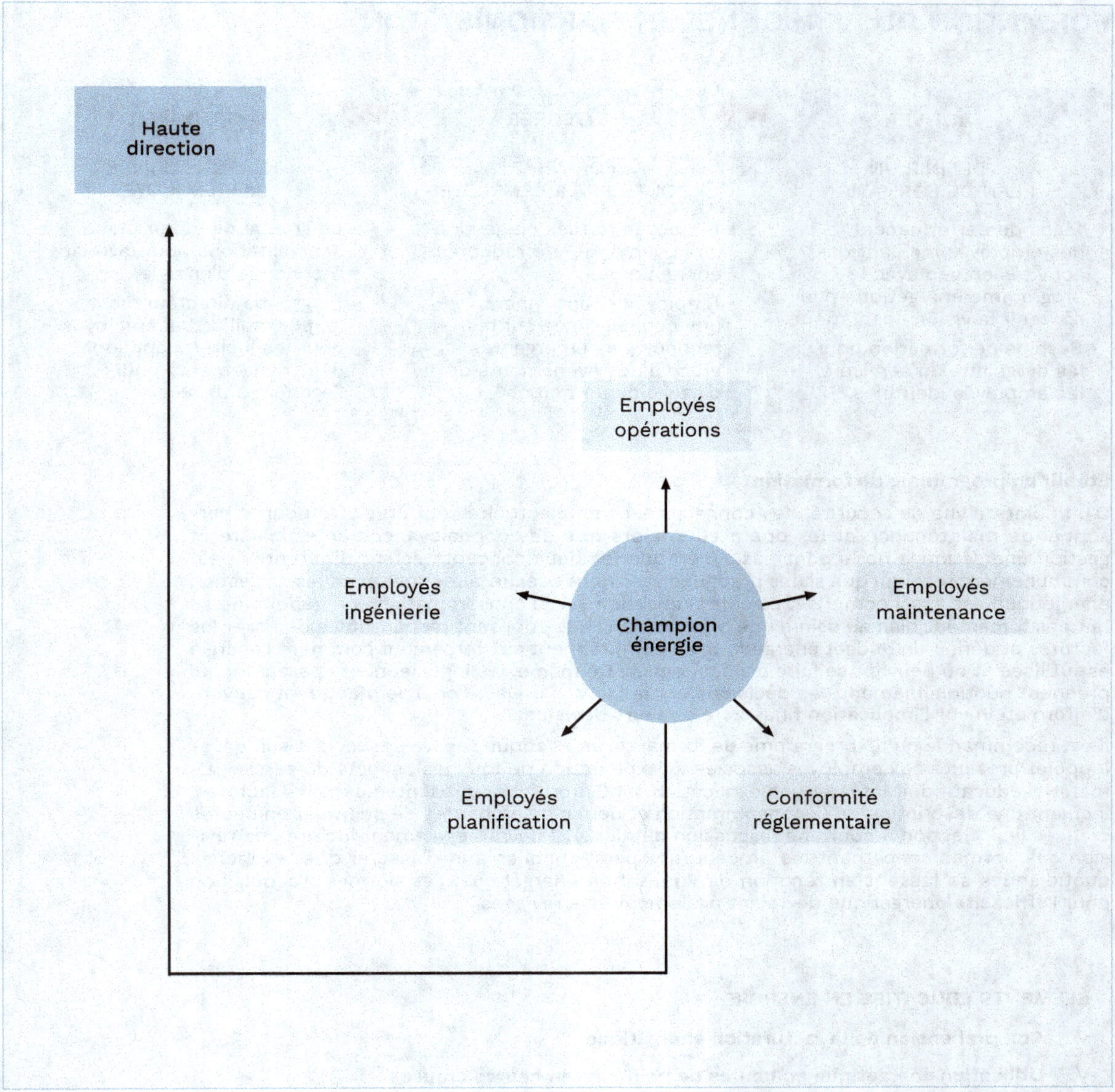

FIGURE 3.3

Structure possible d'équipe énergie.

FORMATION DU PERSONNEL ET HARMONISATION

ACTIVER	INTÉGRER	OPTIMISER
DÉFINIR UN PLAN DE FORMATION	FORMER ET SOUTENIR LES EMPLOYÉS	RESPONSABILISER LES EMPLOYÉS
• Plans de performance des employés incluant des activités en lien avec le programme énergétique pour soutenir la vision énergétique. • Besoins de formation pour les dirigeants du service et les employés identifiés.	• Employés formés en gestion de la demande et production énergétique. • Employés maintiennent une connaissance sur les technologies émergentes grâce à des événements de partage d'information	• Le groupe directeur établi des incitations pour favoriser l'économie d'énergie. • Le groupe directeur responsabilise les employés pour les inciter à appliquer des changements pour l'économie d'énergie.

Établir un programme de formation

D'un point de vue de sécurité, des connaissances en électricité sont cruciales pour le personnel de maintenance et les opérateurs, alors que des connaissances en efficacité et gestion énergétiques ne le sont pas. Bien que les deux concepts soient différents, il est communément reconnu que si des pratiques électriques sécuritaires sont connues, la gestion énergétique est aussi comprise. La communication sur la consommation énergétique ne se fait pas forcément bien au sein d'une organisation ; ceux qui sont responsables de payer les factures et définir un budget énergétique ne comprennent pas forcément comment l'énergie est utilisée et où peuvent se faire les économies. De même, les ingénieurs et opérateurs qui prennent quotidiennement des décisions sur la façon d'utiliser l'énergie manquent souvent d'information sur l'implication financière de leurs décisions.

Il est recommandé qu'un programme de formation énergétique séparé et succinct soit développé et présenté aux employés associés à l'exploitation de tous les aspects du service. Le matériel éducatif doit intégrer une explication sur l'information présentée dans les factures, incluant une description de la consommation et demande en heures de pointe et en heures creuses (voir Section 5 pour une discussion détaillée). Il devrait également inclure une révision des normes concernant les procédures opérationnelles afin d'assurer que les tâches quotidiennes se fassent en fonction de l'utilisation énergétique. Les normes d'acquisition pour l'efficacité énergétique devraient également être révisées.

ÉLÉMENTS ÉDUCATIFS EN ÉNERGIE

- √ **Compréhension de la facturation énergétique**
- √ **Utilisation énergétique en heures de pointe et en heures creuses**
- √ **Définition de la demande en heures de pointe**
- √ **Effets de fonctionnement sur la demande énergétique**
- √ **Identification des mesures pour l'efficacité énergétique**
- √ **Effets de la flexibilité de conception sur la gestion énergétique**
- √ **Compréhension des courbes de performance des équipements**
- √ **Compréhension et application des analyses de cycle de vie des coûts**

Promouvoir le partage d'informations industrielles

L'engagement à réussir et améliorer en continu nécessite de rester informé sur les dernières avancées, technologies et pratiques. Un des rôles de l'équipe énergie est d'effectuer cette numérisation, partager les résultats et recommander des idées pour plus d'analyse. L'identification des informations clés peut être effectuée grâce à la technologie (ex : infolettres électroniques, sites internet et réseaux sociaux), le réseautage et en participant aux événements des associations de l'eau.

Renforcer et récompenser la conservation énergétique

Récompenser les comportements d'économie d'énergie aide à transformer ces nouveaux comportements en habitudes et à les intégrer au sein de l'organisation. Afin de le faire de façon judicieuse, une organisation doit avoir un processus rigoureux de planification de performance et des ICP directement reliés aux résultats de la gestion énergétique. Ceci doit être suivi et communiqué à tous les employés au moins tous les trimestres. Les résultats mesurés de succès soutiennent alors des récompenses pertinentes, telles que des augmentations de salaire basées sur la performance, des déjeuners d'équipe et des reconnaissances organisationnelles. Utiliser de l'ingéniosité lors de la reconnaissance d'une gestion énergétique réussie, d'après les considérations financières et éthiques variées de l'industrie, est aussi important que d'utiliser de l'ingéniosité lors de l'application de la recherche et technologie pour économiser l'énergie.

section 04

Communication & diffusion

« Communiquer le programme de gestion énergétique durable, de manière efficace et en temps opportun, aidera à obtenir le soutien des acteurs clés. De plus, c'est la meilleure façon de les préparer aux changements, à l'innovation ou à l'augmentation des prix. Des efforts intenses renforceront les relations avec eux et établiront ou renforceront la réputation du service en tant que bienveillant et responsable. »

SAMANTHA VILLEGAS

APR, Présidente, SaVi PR, LLC, South Riding, Virginia

Le domaine de *Communication et diffusion* est composé des thèmes suivants :

- ▶ **CLIENTS ET MEMBRES COMMUNAUTAIRES**
- ▶ **AGENCES RÉGLEMENTAIRES ET LÉGISLATIVES**
- ▶ **DIFFUSION MÉDIATIQUE**
- ▶ **GROUPES DE PROTECTION DE L'ENVIRONNEMENT**
- ▶ **INDUSTRIE DE L'EAU**

La consultation et diffusion auprès des acteurs clés, incluant les contribuables, régulateurs, législateurs, groupes de protection de l'environnement et médias devraient être un processus actif, intégré à la planification stratégique générale. Le niveau approprié d'implication dépendra des caractéristiques du programme énergétique du service, ainsi que des attentes et besoins des acteurs clés. Par conséquent, les dirigeants de service devraient adapter leur approche à chaque groupe et ajuster au besoin. Pour plus d'information, le lecteur peut consulter *Planning for Sustainability: A Handbook for Water and Wastewater Utilities*, (U.S. EPA, 2012) (Planifier pour la durabilité : un guide pour les services d'eau potable et d'eaux usées).

CLIENTS ET MEMBRES COMMUNAUTAIRES

ACTIVER	INTÉGRER	OPTIMISER
DÉVELOPPER UNE STRATÉGIE	DÉVELOPPER UN MESSAGE	EFFORTS EN CONTINU
• Stratégie de diffusion auprès des clients et d'éducation reliée aux besoins du projet et attentes des clients. • Groupes communautaires identifiés pour la diffusion afin d'obtenir le soutien du programme.	• Programme proactif de diffusion auprès des clients (ex : encarts de facturation, visites, site internet, feuillets d'information) se focalisant sur les bénéfices environnementaux et la rentabilité établie.	• Service implique les clients pour aider à atteindre les objectifs du programme énergétique (ex : collecte locale de graisse).

Une communication efficace avec les clients et membres communautaires est cruciale, car ils représentent les défenseurs ou détracteurs les plus puissants du service ; en effet, ils ont de l'influence sur les officiers élus qui définissent les politiques pour un service et qui peuvent bloquer un projet important. Les dirigeants de service devraient être transparents et présenter les avantages du projet qui touchent la communauté. Les activités peuvent être aussi variées que de la diffusion passive, telles que des annexes aux factures ou des pages internet, ou de la diffusion très interactive, telles que des présentations à la communauté et le développement de programmes scolaires. Pour plus d'information, le lecteur peut consulter *Survival Guide for Public Communications* (WEF, 2002) (Le guide de survie pour la communication publique) et d'autres ressources incluses dans la Section 10. Développer du matériel esthétique de diffusion peut aider à donner une nouvelle image aux opérations d'eaux usées afin de mettre en avant les activités de durabilité. Les services de toute taille et de différents budgets ont réussi à créer du matériel imprimé et en ligne pour soutenir leurs plans de communication. DC Water à Washington, D.C., a choisi d'utiliser du matériel imprimé (voir Figure 4.1), tandis que les dirigeants de service à Brattleboro, Vermont, ont créé une vidéo en ligne de 50 minutes expliquant le besoin d'amélioration de la station de récupération des ressources de l'eau (StaRRE).

Des petits projets de démonstration, telle l'éolienne de 1,8 kW à la StaRRE de Saco, Maine, peut permettre d'ouvrir un dialogue énergétique, même si les effets énergétiques sont petits.

BÉNÉFICES COMMUNAUTAIRES DES PROJETS ÉNERGÉTIQUES

- √ **Emplois locaux**
- √ **Prestation à long terme**
- √ **Disponibilité de fonds externes pour soutenir des projets de production et efficacité énergétiques**
- √ **Nouvelles opportunités d'affaire**

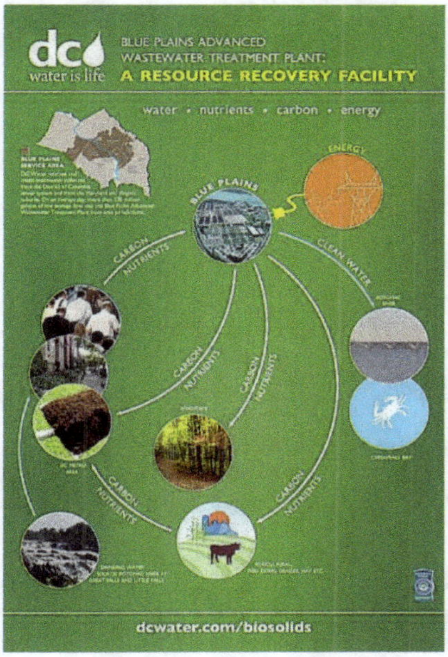

FIGURE 4.1

Exemple du matériel de diffusion auprès des clients de DC Water.

AGENCES RÉGLEMENTAIRES ET LÉGISLATIVES

ACTIVER	INTÉGRER	OPTIMISER
DÉVELOPPER UNE STRATÉGIE	DÉVELOPPER UN MESSAGE	EFFORTS EN CONTINU
• Régulateurs clés identifiés et relations de travail efficaces établies (ex : régulations relatives à l'air et les solides). • Stratégie législative développée pour augmenter les opportunités et minimiser les obstacles au programme énergétique.	• Régulateurs clés éduqués sur la relation holistique énergie / eau. • Service revendique des régulations unifiées pour répondre aux problèmes multimilieux. • Collaboration régionale avec d'autres agences mise en place (ex : pour des changements de financement ou de politique).	• Service travail avec des associations industrielles pour influencer les régulateurs / législateurs afin de créer des incitations encourageant une utilisation énergétique efficace et augmentant la production d'énergies renouvelables. • Service influence les agences de financement pour donner la priorité aux projets énergétiques du secteur de l'eau. • Régulateurs et le service travaillent ensemble pour résoudre problèmes multimilieux.

Les employés des agences réglementaires peuvent être de bons alliés ou de fervents adversaires. Par conséquent, un programme de diffusion devrait se focaliser à établir un haut niveau de confiance avec les régulateurs du service. La première étape est de développer de bonnes relations de travail avec les individus clés des agences réglementaires appropriées. Lorsqu'un service augmente ses capacités à inclure en termes de la récupération de ressources et/ou de la production énergétique, les dirigeants de service ont de grandes chances de devoir faire face à plus de situations pour lesquelles les autorisations de projet impliquent plusieurs domaines réglementaires.

Résoudre ces problèmes multimilieux (eau, air et solides) dépendra de la capacité des dirigeants de service à présenter efficacement les bénéfices du projet et à défendre une approche réglementaire pertinente. Pour effectuer ce plaidoyer, la collaboration avec d'autres agences de la région, ou même avec des associations de la région et de l'État, peut énormément réduire le fardeau.

DIFFUSION MÉDIATIQUE

ACTIVER	INTÉGRER	OPTIMISER
DÉVELOPPER UNE STRATÉGIE	DÉVELOPPER UN MESSAGE	EFFORTS EN CONTINU
• Les organes de presse sont identifiés et les stratégies sont développées.	• Un kit médiatique est développé (ex : vidéos, capsules audio, photos et articles de presse).	• Les employés du service travaillent spécifiquement sur la communication avec la presse.

Comme pour les régulateurs, les médias représentent soit le meilleur allié du service soit son plus grand ennemi. Généralement, la meilleure approche est d'être proactif et de créer une histoire positive. Après avoir identifié les médias clés, les dirigeants de service devraient développer une stratégie médiatique et créer un kit médiatique avec des vidéos, capsules sonores, photos, feuillets d'information et articles de presse. Si une organisation ne détient pas déjà un professionnel des relations publiques, un ou deux employés du service devraient être formés en relations médiatiques. Les dirigeants de service devraient inviter les médias à des événements importants qu'ils aimeraient présenter au public.

Lors de la communication avec les médias, il est important d'être ouvert et transparent. C'est correct de dire « Je ne sais pas et je vous recontacterai avec la réponse ». En effet, répondre précipitamment peut souvent mener à la diffusion d'une mauvaise information.

Il est également important pour les dirigeants de service de se concentrer sur le message et de ne pas se laisser entrainer vers un sujet qu'ils ne sont pas prêts à discuter. Les dirigeants ont plus de chances d'obtenir une histoire juste s'ils sont capables d'expliquer clairement le programme ou projet, sans utilisées de jargon et en évitant les acronymes. L'utilisation de visuels (ex : schémas, dessins et photos) peut aider une audience cible à mieux comprendre les informations techniques et scientifiques. Enfin, lorsque les médias contactent le service, il est important d'être réactif. Les dirigeants de service doivent garder à l'esprit que les représentants médiatiques, surtout ceux des médias audiovisuels, travaillent généralement avec des délais d'exécution très courts.

CONSEILS DE COMMUNICATION AVEC LES MÉDIAS

√ **Être réactif**
Les médias travaillent souvent avec de courtes échéances.

√ **Être ouvert et transparent**
C'est correct de dire « Je ne sais pas et je vous recontacterai avec la réponse ».

√ **Concentrez-vous sur le message**
Ne vous laissez pas entrainer vers un sujet que vous n'êtes pas prêt à discuter.

GROUPES DE PROTECTION DE L'ENVIRONNEMENT

ACTIVER	INTÉGRER	OPTIMISER
DÉVELOPPER UNE STRATÉGIE	DÉVELOPPER UN MESSAGE	EFFORTS EN CONTINU
• Stratégie de diffusion développée pour soutenir les projets énergétiques. • Partenaires appropriés identifiés.	• Le service partage les activités du programme énergétique (ex : visites, feuillets d'information, etc.).	• Programmes conjoints de sensibilisation qui soutiennent les objectifs mis en place des deux organisations.

Les groupes de protection de l'environnement ont généralement d'excellentes relations avec les médias et peuvent aider à obtenir une plus grande attention sur un programme énergétique. De plus, ils peuvent être d'excellents partenaires lorsqu'il y a un objectif partagé. En effet, travailler ensemble sur un programme énergétique du service, dont les objectifs sont alignés avec leur mission, peut faciliter la collaboration sur d'autres activités où les objectifs sont différents.

AVANTAGES MULTIPLES DES PROJETS ÉNERGÉTIQUES

- √ **Sécurité et durabilité énergétiques**
- √ **Réduction de la pollution atmosphérique et des émissions de GES**
- √ **Réduction des effets de l'eau sur la production énergétique (ex : déversements d'huile, « fracturation » et stockage des cendres de l'utilisation de charbon)**
- √ **Emplois locaux**

INDUSTRIE DE L'EAU

ACTIVER	INTÉGRER	OPTIMISER
DÉVELOPPER UNE STRATÉGIE	DÉVELOPPER UN MESSAGE	EFFORTS EN CONTINU
• Les employés énergétiques clés font du réseautage à des événements industriels locaux / régionaux et lors de groupes de partage de l'information.	• Succès, échecs et leçons apprises partagés à des événements industriels.	• Les employés énergétiques mènent des initiatives industrielles pour soutenir les avancées du secteur en durabilité.

Communiquer au sein de l'industrie de traitement de l'eau offre de nombreux avantages, incluant une meilleure compréhension des pratiques industrielles et un aperçu des technologies récentes. Le niveau d'effort peut être aussi varié qu'un webinaire ponctuel lors d'une réunion d'une organisation locale, des séminaires d'une journée ou encore la participation à des conférences sur plusieurs jours. Le partage d'information sur les succès, échecs et leçons apprises en gestion énergétique aidera à faire avancer l'industrie de traitement de l'eau vers plus de durabilité.

RÉFÉRENCES

US EPA (2012) *Planning for Sustainability : A Hand- book for Water and Wastewater Utilities* (Planifier pour la durabilité : un guide pour les services d'eau potable et d'eaux usées) ; EPA-832/R-12-001 ; US EPA : Washington, D.C.

Water Environment Federation (2002) *Survival Guide for Public Communications* (Guide de survie pour la communication publique) ; Water Environment Federation : Alexandria, Virginia.

section 05

Gestion de la demande

« Parce que l'économie d'électricité signifie que le service économise non seulement l'énergie qu'il utilise, mais aussi l'énergie additionnelle consommée durant la production, des efforts d'économie d'énergie et de réduction de la demande en heures de pointe permettent d'économiser de l'argent, réduire l'empreinte carbone et lancer le service vers une durabilité énergétique. »

DAVID J. REARDON

Vice-président principal, HDR Engineering, Folsom, California

Le domaine de *Gestion de la demande* est composé des thèmes suivants :

- **COÛTS ÉLECTRIQUES ET FACTURATION**
- **MESURE ET CONTRÔLE DE L'ÉNERGIE ÉLECTRIQUE**
- **GESTION ÉNERGÉTIQUE**
- **CONTRÔLE À LA SOURCE**

Dans ce document, *Gestion de la demande* fait référence aux programmes qui ciblent la réduction en heures de pointe à la fois de la demande énergétique (kilowatts ou kilovolt-ampère) et de la consommation énergétique (kilowattheures), en mettant en place de meilleures stratégies de charge et de gestion énergétique. Les programmes de gestion de la demande font la promotion de l'efficacité énergétique et ont pour objectif de réduire la demande énergétique (électricité ou gaz) et/ou de faire basculer la demande énergétique en heures de pointe vers les heures creuses et éventuellement, d'améliorer le facteur énergétique (une mesure de l'efficacité d'utilisation de l'énergie consommée). La discussion qui suit se focalise principalement sur l'électricité, qui représente généralement la consommation énergétique la plus intense d'une StaRRE. L'approche pour gérer le gaz naturel ou autres combustibles a un concept similaire à la gestion de l'électricité.

COÛTS ÉLECTRIQUES ET FACTURATION

ACTIVER	INTÉGRER	OPTIMISER
ORGANISER	COMPRENDRE LES DÉTAILS	IMPLANTER DES CHANGEMENTS
• Historique des factures électriques analysées (de préférence plus de 2 ans de données).	• Structure des taux et détail des factures compris : • Frais de demande • Frais énergétiques, coûts unitaires et temps d'utilisation • Période de facturation	• Modifications de facturation et/ou réalisation d'opérations pour réduire les coûts • Nouvelle structure des taux sélectionnée. • Charges modifiés pour réduire les frais de demande en heures de pointe et coûts unitaires.

Il est important que tous les employés comprennent comment un service utilise et paye l'électricité. Un accès internet en temps réel du compte électrique est possible et encouragé. Le développement de bases de données en énergie, demande et débits fournit des métriques importantes de gestion. La Figure 5.1. offre un exemple de facture électrique typique, avec des parties importantes mises en valeur.

Grille de taux et période de facturation

La grille de taux d'un service devrait apparaitre sur sa facture. La compagnie électrique détermine généralement la grille de taux du service en se basant sur le type d'usine et sa taille. Cependant, un service n'appartient pas forcément à une grille de taux et peut avoir d'autres options. Par exemple, si les charges peuvent être limitées (ou si le service peut payer une prime) durant les heures de pointe, le service peut être éligible pour un coût unitaire plus faible pendant toutes les heures d'utilisation. Il est important de se souvenir que le délestage de charge grâce à des génératrices de secours est découragé par de nombreuses agences de régulation atmosphérique. De plus, la période de facturation est généralement d'un mois, mais ne commence pas forcément le premier jour du mois. Connaître le début et la fin de la période de facturation est important pour réduire les frais mensuels du service en heures de pointe.

Prix énergétiques et temps d'utilisation

Le coût énergétique (dollars/kilowattheure) peut être facturé à un taux fixe sur la période de facturation ou être basé sur le temps d'utilisation, avec un taux maximum durant les heures de pointe électrique du service (généralement 4h ou plus en après-midi des jours de semaine). La variabilité entre les heures de pointe et heures creuses peut être significative. Dans l'exemple présenté en Figure 5.1, le prix unitaire en heures de pointe est quasiment le double du prix unitaire en heures creuses.

Frais de demande

La *demande* représente la puissance maximale requise, généralement exprimée en kilowatts. Le prix de la demande (dollars/killowatt) est évalué pour la demande maximale durant la période de facturation. C'est mesuré pendant une période spécifique et continue, généralement de 15 ou 30 minutes. Il représente la puissance combinée pour tous les appareils électriques. Ce prix peut être significativement affecté par le fonctionnement de courte durée d'un gros moteur, tel que des diffuseurs d'air, une pompe ou une centrifugeuse. Des économies financières peuvent être obtenues grâce au contrôle de la demande maximale durant une période de facturation. Bien que cette stratégie ne permette pas de réduire directement la consommation d'énergie, cela fait partie d'une stratégie générale de contrôle des coûts énergétiques. Parfois, comme montré dans l'exemple de la facture, le prix de la demande varie en fonction du temps d'utilisation. Les coûts peuvent être réduits en évitant de démarrer certains types d'équipement avec une forte puissance pendant les heures de pointe.

Coûts électriques totaux

Les coûts électriques totaux incluent les coûts d'utilisation électrique (la somme d'énergie ou production, transmission et distribution), coûts de demande, taxes et autres frais divers. Le calcul de la proportion relative d'utilisation électrique par rapport au coût de la demande peut être utilisé pour déterminer sur quelle partie se focaliser en premier.

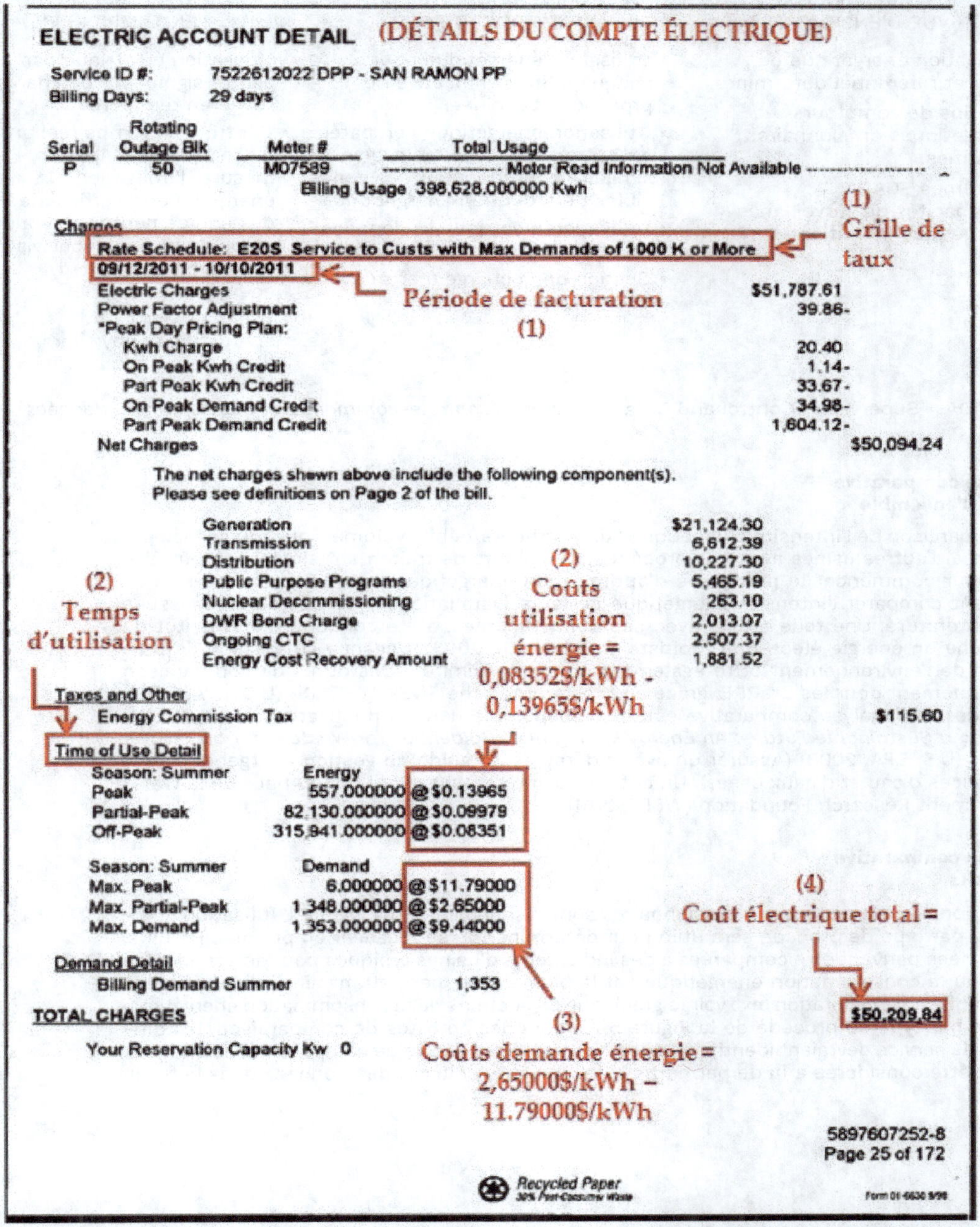

ELECTRIC ACCOUNT DETAIL

Service ID #: 7522612022 DPP - SAN RAMON PP
Billing Days: 29 days

Serial	Rotating Outage Blk	Meter #	Total Usage
P	50	M07589	---------------------- Meter Read Information Not Available ----------------------

Billing Usage 398,628.000000 Kwh

Charges

Rate Schedule: E20S Service to Custs with Max Demands of 1000 K or More
09/12/2011 - 10/10/2011

Electric Charges	$51,787.61
Power Factor Adjustment	39.86-
*Peak Day Pricing Plan:	
Kwh Charge	20.40
On Peak Kwh Credit	1.14-
Part Peak Kwh Credit	33.67-
On Peak Demand Credit	34.98-
Part Peak Demand Credit	1,804.12-
Net Charges	$50,094.24

The net charges shown above include the following component(s).
Please see definitions on Page 2 of the bill.

Generation	$21,124.30
Transmission	6,612.39
Distribution	10,227.30
Public Purpose Programs	5,465.19
Nuclear Decommissioning	263.10
DWR Bond Charge	2,013.07
Ongoing CTC	2,507.37
Energy Cost Recovery Amount	1,881.52

Taxes and Other
Energy Commission Tax $115.60

Time of Use Detail

Season: Summer	Energy	
Peak	557.000000	@ $0.13965
Partial-Peak	82,130.000000	@ $0.09979
Off-Peak	315,941.000000	@ $0.08351

Season: Summer	Demand	
Max. Peak	6.000000	@ $11.79000
Max. Partial-Peak	1,348.000000	@ $2.65000
Max. Demand	1,353.000000	@ $9.44000

Demand Detail
Billing Demand Summer 1,353

TOTAL CHARGES $50,209.84

Your Reservation Capacity Kw 0

5897607252-8
Page 25 of 172

Recycled Paper 30% Post-Consumer Waste

Form 01-6630 9/98

FIGURE 5.1

Exemple d'une facture électrique et de ses parties clés.

MESURE ET CONTRÔLE DE L'ÉNERGIE ÉLECTRIQUE

ACTIVER	INTÉGRER	OPTIMISER
DÉTERMINER UNE VUE D'ENSEMBLE	DÉTERMINER UNE UTILISATION PAR PROCÉDÉ CLÉ	SUIVRE POUR CONTRÔLE EN TEMPS RÉEL
• Utilisation énergétique de base et référentiel déterminé. • Besoins de compteurs énergétiques divisionnaires identifiés. • Systèmes SCADA[a] et capacités de surveillance énergétique identifiés.	• Utilisation énergétique pour chaque unité significative de procédé déterminée. • Utilisation énergétique comparée à d'autres usines de taille/type similaire pour identifier des zones cibles de réduction énergétique. • Utilisation électrique et données de procédé analysées ensemble. • Gestion de la charge (perte/coupure) en place.	• Utilisation électrique par centre significatif de charge suivie en temps réel. • Contrôle en temps réel en place (ex : SCADA) pour mesurer l'utilisation énergétique et l'efficacité des équipements grâce à un mode d'affichage convivial (i.e. « tableau de bord énergétique »). • Excès de production énergétique relayé vers d'autres actifs ou entités.

[a] SCADA = Supervisory Control and Data Acquisition *(Contrôle-commande et acquisition de données)*

Analyse comparative
— Vue d'ensemble

La comparaison de l'intensité énergétique (kilowattheure/débits volumétrique) du service par rapport à d'autres usines avec des procédés et objectifs de traitement similaires peut être utile pour commencer le processus d'optimisation énergétique. Les dirigeants de service devraient comparer l'intensité énergétique de leurs installations avec des données issues de la littérature. Une telle étude, avec des données utiles, a été conduite par l'Institut de recherche en énergie électrique (Goldstein and Smith, 2002). L'agence américaine de protection de l'environnement offre également un accès illimité à des outils de comparaison spécifiquement pour les StaRRE, grâce au programme « the ENERGY STAR » (U.S. EPA, 2012). Un guide sur l'analyse comparative est aussi disponible dans la publication de l'U.S. EPA, *Ensuring a Sustainable Future : An Energy Managment Guidebook for Wastewater and Water Utilities* (U.S. EPA, 2008) (Assurer un avenir durable : un guide de gestion énergétique pour les services d'eau et d'eaux usées). Un autre outil intéressant est le « CHEApet » de la Water Environment Research Foundation (WERF, 2011).

Analyse comparative
— Détails

Si des données de compteurs divisionnaires sont disponibles, l'analyse de l'utilisation énergétique par type de procédé sera utile pour déterminer où se focaliser en premier. De plus, les données peuvent être comparées à des indicateurs d'usines typiques pour déterminer les zones où la consommation énergétique est la plus élevée, permettant ainsi d'identifier les opportunités d'amélioration (ex : voir le graphique en secteurs de la consommation énergétique typique par type de procédé de la Figure 5.2.). Lors des activités de comparaison, les dirigeants de service devraient identifier des endroits où l'installation de compteurs divisionnaires devrait être considérée afin de permettre une meilleure collecte des données dans le futur.

Données de procédé

Comparer l'analyse de l'utilisation énergétique aux données de procédé permet de mieux comprendre comment les conditions de procédé et choix opérationnels affectent l'utilisation énergétique. Un simple graphe avec l'utilisation et les débits quotidiens peut révéler des inefficacités. L'utilisation énergétique en fonction des conditions de l'affluent (ex : demande biochimique en oxygène) fournit aussi un indicateur pouvant être comparé aux valeurs de la littérature. Évaluer une variété de conditions opérationnelles en comparaison avec l'utilisation énergétique peut être utile pour la détermination des paramètres clés pour une surveillance future. Ce concept peut être poussé plus loin en développant un modèle de procédé intégrant l'énergie et les données de procédé.

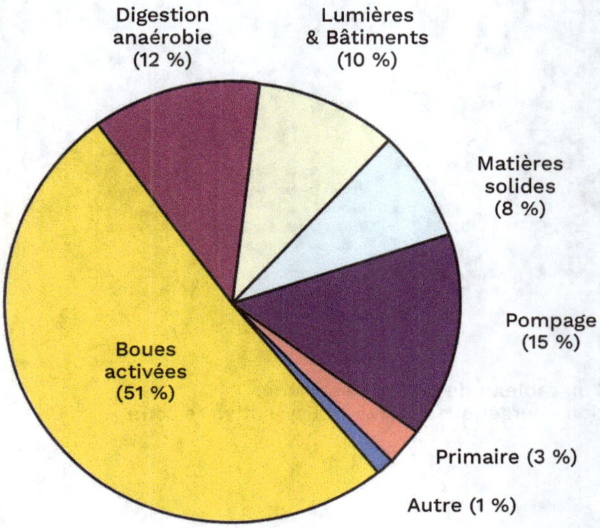

FIGURE 5.2

Utilisation énergétique typique d'une usine secondaire de boues activées. (SAIC, 2006 ; WEF, 2009).

Surveillance

Une gestion énergétique réussie intègre une surveillance et un contrôle en temps réel. Différents indicateurs peuvent être mesurés, tels que l'efficacité d'une pompe, l'intensité énergétique d'un procédé ou de l'usine dans son intégrité (kilowattheure/volume traité est un indicateur communément utilisé). Des logiciels peuvent intégrer ces concepts aux systèmes de contrôle-commande et acquisition de données (SCADA, *Supervisory Control And Data Acquisition*) afin de fournir un retour instantané aux opérateurs pour appuyer leur prise de décisions en temps réel. La Figure 5.3 présente un exemple de « tableau de bord énergétique » qui offre un aperçu des données clés de surveillance énergétique.

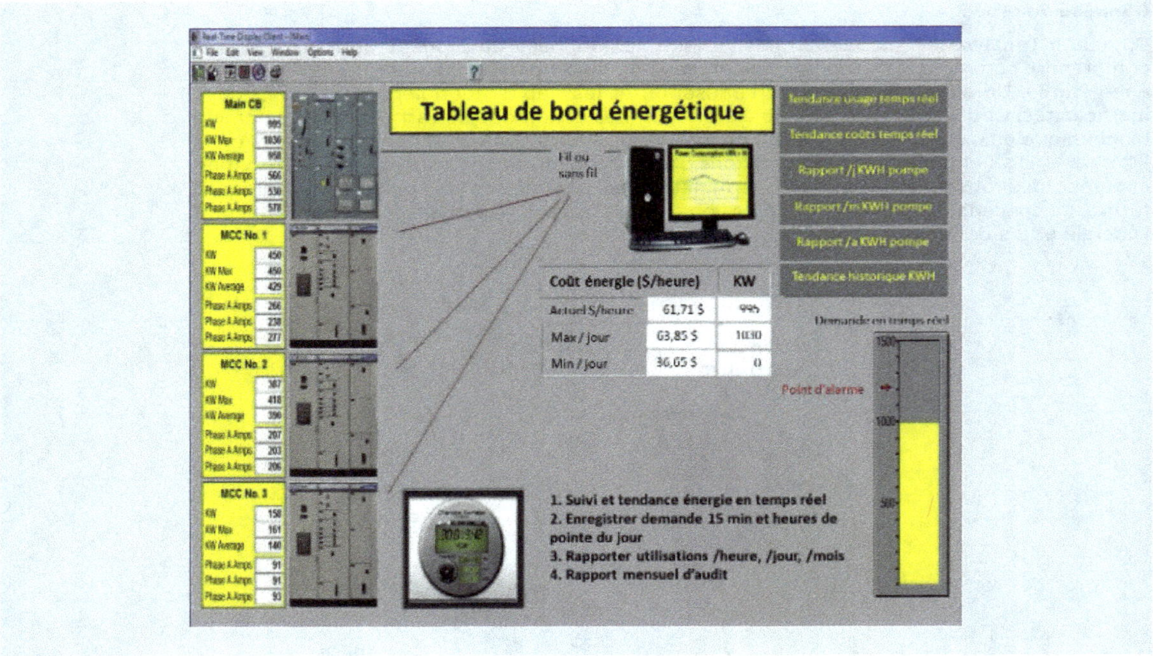

FIGURE 5.3

Capture d'écran d'une partie d'un tableau de bord énergétique.
(Intellisys Inc., Logiciel de gestion énergétique, www.intellisyssoftware.com)

GESTION ÉNERGÉTIQUE

ACTIVER	INTÉGRER	OPTIMISER
COMMENCER L'AUDIT	APPLIQUER LESRECOMMENDATIONS	PLANIFIER POUR L'AVENIR
• L'équipe énergie effectue l'audit énergétique. • Objectifs définis pour réduire l'utilisation et les coûts énergétiques	• Recommandations rentables de l'audit appliquées. • L'équipe énergie compare les résultats obtenus à ceux planifiés	• Économies d'énergie incorporées à la conception de tous les futurs projets d'investissement et nouvelles stratégies opérationnelles.

Conduire un audit énergétique ou une enquête d'optimisation énergétique

Au cœur de la gestion de la demande réside un processus d'optimisation énergétique durant lequel une méthodologie systématique est utilisée pour réduire l'utilisation énergétique au niveau pratique le plus bas. Pour les usines existantes, cette tâche est souvent appelée un *audit énergétique* (ASHRAE, 2011). Malheureusement, ce terme a une connotation négative, et donc, le processus est probablement mieux décrit comme *optimisation énergétique*. Peu importe le titre, ce travail se focalise sur les opérations, procédés et équipements unitaires de sorte que, dans l'ensemble, l'usine peut atteindre de meilleures valeurs d'intensité énergétique que des usines de même type et de même taille. Une étude d'optimisation énergétique peut être conduite en utilisant une approche descendante basée sur des comparaisons avec d'autres usines ou une approche ascendante basée sur des pièces individuelles d'équipement. L'approche d'analyse comparative est discutée brièvement dans la section « Analyse comparative — Détails ». L'approche d'enquête de l'équipement identifie tous les procédés et pièces d'équipement significatifs de l'usine pour déterminer s'ils devraient fonctionner différemment afin de réduire l'utilisation énergétique.

RÉDUIRE UTILISATION ÉNERGIE D'ÉQUIPEMENTS CLÉS EN :

- √ **Éteignant**
- √ **Fonctionnant en temps partiel**
- √ **Fonctionnant à vitesses variables**
- √ **Fonctionnant à débits plus faibles**
- √ **Fonctionnant à pressions plus faibles**
- √ **Remplaçant avec des équipements plus efficaces**

01 Est-ce que l'équipement ou le procédé est surdimensionné ou mal dimensionné pour les conditions actuelles ?
Des équipements surdimensionnés ou mal dimensionnés sont une cause signifcative de consommation énergétique excessive.

02 Est-ce que les consignes de procédés sont raisonnables ?
(ex : débits de retour et niveaux d'oxygène dissous des boues activées, niveaux de l'eau)

03 Est-ce que l'utilisation d'un contrôle à vitesse variable permettrait de faire fonctionner de façon plus efficace l'équipement dans les conditions désirées ?

04 Est-ce que le débit ou la pression de l'équipement peut être réduit(e) ?

05 Est-ce que l'équipement peut être remplacé par un modèle plus petit ou plus efficace ?

06 Est-ce que l'équipement peut fonctionner en temps partiel ?
(ex : mélange ponctuel ou canal d'air)

07 Est-ce que l'équipement ou le procédé fonctionne près de son maximum d'efficacité ou des améliorations sont-elles nécessaires ?

08 Est-ce que la fonction du procédé peut être effectuée de façon différente avec une utilisation énergétique plus faible ?
(ex : configurations alternatives du procédé de boues activées, moins de bassins, plus faible temps de rétention des solides)

09 Est-ce que l'équipement nécessite une maintenance pour améliorer la performance ?
(ex : rotors de pompes usés ou bagues d'usure abimées)

10 Est-ce que l'équipement peut être arrêté ? Certains équipements peuvent être arrêtés avec très peu, voir pas d'effet sur les performances de l'usine ?

Planifier pour l'avenir

Bien que l'industrie de l'eau puisse se donner l'objectif d'atteindre une neutralité énergétique pour tous les futurs projets (voir Section 7), aujourd'hui, l'industrie doit se focaliser à configurer des systèmes de traitement conventionnel qui minimise la demande énergétique et optimise la production d'énergie renouvelable. Les planificateurs et concepteurs peuvent considérer les dernières technologies qui ont fait leurs preuves pour réduire l'utilisation énergétique. Le Tableau 5.1 présente une liste d'approches pour minimiser la demande énergétique (et produire de l'énergie) lors de la planification et conception de nouvelles usines.

OPPORTUNITÉ	APPROCHE
Optimiser le transfert des solides provenant des systèmes aérobies (diminution de la demande énergétique) vers les digesteurs anaérobies (augmentation de la production énergétique).	• Optimiser la conception du décanteur primaire et de la charge hydraulique. • Ajouter des produits chimiques pour améliorer la décantation primaire. • Utiliser des flotteurs à air dissous. • Traiter les eaux usées brutes ou l'effluent du décanteur primaire avec un procédé de boues activées à court contact afin d'améliorer la décantation.
Minimiser la demande énergétique des systèmes d'aération.	• Spécifier/installer des systèmes d'aération avec des souffleurs énergétiquement efficace. • Utiliser des systèmes d'aération profonds avec des diffuseurs à fines bulles. • Considérer fusionner des technologies telles que l'aération par bandes ultra-efficace. • Installer un contrôle automatisé de l'oxygène dissous grâce à de l'instrumentation. • Considérer osciller entre les zones de traitement qui peuvent être utilisées en anoxie ou en aérobie en fonction des conditions de charge.
Utiliser un équipement qui modifie la sortie.	• Utiliser des moteurs à fréquence variable pour un traitement efficace durant le débit diurne et les variations de charge.
Adapter la taille des équipements et des procédés.	• Considérer des horizons plus courts de planification et des expansions de capacité plus fréquentes pour s'assurer que les équipements et les procédés sont utilisés efficacement d'un point de vue énergétique. • Évaluer les conditions existantes de débits et de charge de l'usine en comparaison avec les conditions de conception.
Optimiser le profil hydraulique de l'usine.	• Développer une conception hydraulique afin que le pompage soit minimisé.
Égaliser les débits de l'usine ou réduire les charges de pointe afin de minimiser les variations de débits/charge.	• Considérer l'égalisation des systèmes de collecte grâce à une technologie de réseau intelligent ou des systèmes plus grands tels qu'un tunnel profond de stockage afin de minimiser les événements de pointe qui mènent à des équipements /systèmes surdimensionnés.
Utiliser l'automatisation/contrôle et l'acquisition des données/technologie informatique pour minimiser l'utilisation énergétique.	• Utiliser instruments et automatisation de façon adéquate afin d'optimiser l'efficacité du système. • Considérer un tableau de bord énergétique intégré à SCADA pour suivre/enregistrer les ICP d'énergie. • Utiliser des mesures de demande en « temps réel » pour optimiser les procédés et minimiser l'utilisation d'énergie.
Considérer des procédés auxiliaires pour l'utilisation énergétique et les effets environnementaux.	• Considérer les procédés tels que le contrôle des odeurs, la réutilisation de l'eau et les traitements tertiaires pour atteindre de faibles limites d'effluent et de désinfection.

TABLEAU 5.1

Opportunités d'économie énergétique pour les futures usines.

CONTRÔLE À LA SOURCE

ACTIVER	INTÉGRER	OPTIMISER
COMPRENDRE AFFLUENT	GÉRER CHARGE	AMÉLIORER ENVIRONNEMENT
• Charges (industrielles, utilisation d'eau, infiltration et affluent) comprises et évaluées par rapport aux requis énergétiques de traitement et potentiel de production énergétique	• Méthodes en place pour gérer les charges d'affluent afin de réduire l'utilisation énergétique (ex : optimisation surcharge industrielle, programme de réduction infiltration et affluent, etc.). • Méthodes pour réduire les débits recherchés.	• Sources gérées pour réduire l'utilisation énergétique et maximiser le potentiel de production énergétique (ex : incitations appropriées pour transporter déchets à forte résistance).

Comprendre à la fois les débits et charges d'affluent aidera les dirigeants de service à évaluer la performance des procédés et l'utilisation énergétique de base. Si les débits ou charges changent, le traitement et l'optimisation énergétique en seront affectés. Différentes stratégies sont nécessaires pour différents matériaux. Par exemple, réduire les débits en réglant les infiltrations et débits d'entrée devrait être encouragé, car cela réduira les besoins et coûts énergétiques. En utilisant des infrastructures vertes pour favoriser les infiltrations souterraines, une usine pourrait réduire son débit en temps de pluie et obtenir des avantages supplémentaires grâce à l'utilisation de pratiques d'infrastructure verte. Historiquement, des programmes de taxes de surcharge ont encouragé les utilisateurs industriels à réduire leur charge organique. Néanmoins, lors de l'utilisation d'une digestion anaérobie, un service peut vouloir cette charge supplémentaire pour augmenter sa production de biogaz. Par conséquent, mettre en place des programmes de contrôle à la source pour détourner des eaux usées industrielles à forte charge des égouts, afin de les introduire directement dans la digestion (i.e. grâce à des programmes de transport de déchets) peut être la stratégie la plus rentable.

RÉFÉRENCES

American Society of Heating, Refrigeration, and Air-Conditioning Engineers (2011) *Procedures for Commercial Building Energy Audits* (Procédures pour des audits énergétiques des bâtiments commerciaux), 2nd ed. ; American Society of Heating, Refrigeration, and Air-Conditioning Engineers : Atlanta, Georgia.

Goldstein, R. ; Smith, W. (2002) *Water & Sustainability (Volume 4) : U.S. Electricity Consumption for the Next Half Century* (Eau & durabilité (Volume 4) : consommation électrique des États-Unis pour les prochaines 50 années) ; Electric Power Research Institute : Palo Alto, California.

Science Applications International Corporation (2006) *Water and Wastewater Energy Best Practice Guidebook* (Guide des meilleures pratiques énergétiques en eau et eaux usées) ; Développé pour Focus on Energy, Madison, Wisconsin.

U.S. Environmental Protection Agency (2008) *Ensuring a Sustainable Future : An Energy Managment Guidebook for Wastewater and Water Utilities* (Assurer un avenir durable : un guide de gestion énergétique pour les usines d'eaux usées et d'eau) ; Bureau de la gestion des eaux usées ; U.S. EPA : Washington, D.C.

U.S. EPA (2012) Gestionnaire de portefeuille *Energy Star* (consulté en Jan 2013). http://www.energystar.gov/index.cfm?c=evaluate_performance.bus_port- foliomanager.

Water Environment Federation (2009) *Energy Conservation in Water and Waste- water Treatment Facilities* (Économie énergétique dans les usines d'eau et d'eaux usées) ; WEF Manual of Practice No. 32 ; McGraw-Hill : New York.

Water Environment Research Foundation (2009) *Best Practices for Sustainable Wastewater Treatment : Initial Case Study Incorporating European Experience and Evaluation Tool Concept* (Les meilleures pratiques pour un traitement durable des eaux usées : étude de cas initial intégrant l'expérience européenne et le concept d'outil d'évaluation) ; Projet No. OWSO4R07a ; Water Environment Research Foundation : Alexandria, Virginia.

Water Environment Research Foundation (2011) *Demonstration of the Carbon Heat Energy Assessment and Plant Evaluation Tool (CHEApet)* (Démonstration de l'outil d'estimation de l'énergie, chaleur et carbone et d'évaluation de l'usine) ; Projet No. OWS- O4R07g ; Water Environment Research Foundation : Alexandria, Virginia.

section 06

Production énergétique

« Le secteur du traitement des eaux usées est en train d'entamer une transition vers la récupération de ressources, ce qui inclut la distribution d'énergie produite. »

RALPH "RUSTY" B. SCHROEDEL, Jr.

Ingénieur cadre, Brown and Caldwell, Milwaukee, Wisconsin

Le domaine de *Production énergétique* est composé des thèmes suivants :

- ▶ **STRATÉGIE**
- ▶ **ÉNERGIE À PARTIR DE L'EAU**
- ▶ **SOURCES ÉNERGÉTIQUES SUPPLÉMENTAIRES**
- ▶ **CERTIFICATS D'ÉNERGIE RENOUVELABLE (CERs)**

STRATÉGIE DE PRODUCTION ÉNERGÉTIQUE

ACTIVER	INTÉGRER	OPTIMISER
DÉFINIR UN OBJECTIF DE PRODUCTION	OBTENIR DU SOUTIEN	FAIRE GRANDIR LE PROGRAMME
• Objectif mesurable de production énergétique établi. • Plan de production énergétique coordonné avec le plan stratégique du service. • L'équipe énergie comprend les limites réglementaires et de permis (ex : émissions atmosphériques) en lien avec la production.	• L'organe directeur approuve le budget pour les projets de production énergétique. • Problèmes réglementaires ont été traités et résolus de façon satisfaisante.	• Infrastructure pour la production énergétique maintenue, rénovée et améliorée de façon proactive. • Méthodologies d'évaluation holistique (ex : TBL) utilisées pour évaluer les opportunités de production énergétique.

Établir des objectifs énergétiques

Peu importe si le service produit de l'énergie sur site depuis des décennies ou considère de le faire pour la première fois, une première étape consiste à établir des objectifs énergétiques mesurables qui ont besoin d'être adoptés à tous les niveaux de l'organisation. L'objectif peut être aussi simple que de produire une portion des besoins électriques en utilisant des ressources renouvelables sur le site ou de façon plus agressive, tel que le fait de répondre à tous les besoins électriques en utilisant des ressources énergétiques sur le site d'ici 2020. Intégrer l'objectif au processus de planification stratégique (tel que discuté dans la Section 3) aide à s'assurer qu'il sera appliqué et intégré au budget.

Prévoir les obstacles de mise en œuvre

Pour établir un programme de production énergétique, les employés doivent posséder une très bonne compréhension des obstacles réglementaires potentiels (ex : système national d'élimination du déversement de polluants, NPDES et des permis atmosphériques), requis techniques (ex : compétences en opération et maintenance, et formation), contraintes techniques (ex : conditionnement des digesteurs) et complexités transactionnelles (ex : identifier et établir des contrats avec des clients pour l'électricité ou combustible produit). Il est important d'apprendre des autres usines qui génèrent de l'énergie sur site dans la région (ou État) du service afin d'identifier des considérations clés.

Identifier les sources énergétiques

La stratégie de production énergétique d'un service peut inclure une combinaison d'énergie inhérente à l'eau et de sources énergétiques supplémentaires. Lors des opérations d'eau potable, l'énergie inhérente la plus commune est l'énergie cinétique récoltée lorsque la source d'eau coule d'une haute élévation vers une plus basse (i.e. hydroélectricité). Lors des opérations d'eaux usées, l'énergie inhérente la plus commune vient de la digestion anaérobie, où le gaz du digesteur est converti en électricité, combustible ou eau chaude en utilisant des chaudières, moteurs ou turbines à gaz. Les sources énergétiques supplémentaires les plus communes incluent les énergies éolienne et solaire, ou pour les eaux usées, les déchets organiques transportés des villes pour augmenter la production de gaz de digesteur (« co-digestion »).

ÉNERGIE À PARTIR DE L'EAU

ACTIVER	INTÉGRER	OPTIMISER
ÉVALUER L'INTÉGRALITÉ DES SOURCES D'ÉNERGIE	INSTAURER DES SYSTÈMES DE GÉNÉRATION	OPTIMISER LA PRODUCTION
• Ressources énergétiques disponibles quantifiées, telles que : • Biogaz • Hydroélectricité • Chaleur	• Les usines de production énergétique exploitent et produisent l'énergie / la chaleur pour une utilisation par le service • Électricité / chaleur • Combustible (gaz naturel, pastilles, etc.)	• Production énergétique optimisée pour maximiser la valeur de génération (ex : stockage du biogaz pour achats énergétiques compensatoires durant les heures de pointe).

Biogaz

Le gaz de digesteur, ou biogaz est un sous-produit de la digestion anaérobie, qui est utilisée pour stabiliser les boues générées durant le traitement des eaux usées. Un biogaz typique issu de la digestion de boues municipales contient 60 à 65% de méthane (gaz naturel). Comme montré dans le Tableau 6.1, de nombreuses StaRRE, de toute taille et du monde entier, utilisent le biogaz comme production énergétique depuis au moins 20 ans et plus encore planifient actuellement de nouveaux projets.

L'utilisation du gaz de digesteur pour l'électricité, combiné avec l'avantage d'utiliser la chaleur perdue, est nommée la *chaleur et énergie combinées* (CEC). Historiquement, le biogaz a été utilisé principalement pour ces applications. Plus récemment, le biogaz est utilisé en tant que combustible de transport ou directement utilisé ou vendu en tant que gaz naturel renouvelable (« bio-méthane »). Le choix de produit et de technologie du service dépend de nombreux facteurs, incluant les conditions du site, les requis réglementaires, la quantité disponible de biogaz, les besoins énergétiques du site et la valeur actuelle de l'énergie électrique, des combustibles et des CERs (voir Figure R.2).

Le gaz de digesteur peut être utilisé pour produire de l'électricité avec des technologies telles que des microturbines, moteurs à combustion interne, turbines à gaz, piles à combustible, turbines à vapeur ou moteurs Sterling. Alternativement, le biogaz peut être utilisé pour allumer les chaudières ou sécheuses et faire fonctionner les moteurs, ou il peut être converti en combustible gazeux ou liquide afin d'être vendu ou utilisé dans les parcs de véhicules (voir Figure R.2).

Il existe de nombreuses ressources pour aider les dirigeants de service à sélectionner la technologie la plus appropriée pour utiliser le biogaz :

- *Life Cycle Assessment Manager for Energy Recovery (LCAMER)* (Gestionnaire d'analyse de cycle de vie pour la récupération énergétique— ce rapport, effectué par la Water Environment Research Federation (2012c) en 2007 et mis à jour en 2012, inclut un tableur détaillé (LCAMER) pour aider les utilisateurs à sélectionner la technologie pour la récupération d'énergie à partir de biogaz ;
- *Evaluation of Combined Heat and Power Technologies for Wastewater Treatment Facilities* (Évaluation des technologies de chaleur et énergie combinées pour les stations d'épuration) — ce rapport, effectué par U.S. EPA en 2010, inclut un aperçu et une comparaison des technologies utilisant le biogaz, avec les gammes de coûts (Wiser et al., 2012) ;
- *Opportunities for Combined Heat and Power at Wastewater Treatment Facilities: Market Analysis and Lessons from the Field* (Opportunités pour chaleur et énergie combinées dans les stations d'épuration : Analyse de marché et leçons apprises sur le terrain) — ce rapport, effectué par U.S. EPA en 2011 pour mettre à jour le rapport initial de 2007, inclut une évaluation du potentiel de marché pour CEC dans les StaRRE;
- Site internet d'U.S. EPA sur chaleur et énergie combinées (http://www.epa.gov/chp/) — ce site internet contient des informations additionnelles sur les applications de CEC et des outils pour le développement de projet ;
- Site internet de la Water Environment Federation avec une base de données sur le biogaz (http://www.Biogazdata.org) — ce site internet, qui a été lancé en 2012, contient des données basiques sur l'utilisation du biogaz aux États-Unis.

DIRECTIVES EN INGÉNIERIE DU BIOGAZ

- La digestion anaérobie avec récupération de biogaz est plus communément utilisée par les usines de récupération des ressources aquatiques qui traitent au moins 20 ML / j (5 Mg/j) d'eaux usées à cause de contraintes économiques de faisabilité, bien que de plus petites usines aient aussi réussi à mettre en place une digestion anaérobie (WERF, 2012a).
- La valeur calorifique du biogaz produit par les digesteurs anaérobies est d'environ 24,3 mJ/m3 (600 Btu/pied cubique) (Metcalf and Eddy, 1991).
- Environ 0,9 m2 (1 pied carré) par personne et par jour de gaz de digesteur peut être produit par un digesteur anaérobie (Metcalf and Eddy, 1991). Ce volume de gaz peut fournir environ 2,2 W d'énergie.

Lieu	Débit moyen (ML/j)	Taux ($/kWh)	Type (année installation)	Capacité totale (kW)	Coût en capital ($)	Économie nette annuelle ($/an)	Commentaires
Albert Lea, Minnesota	16 (4,3 Mg/j)	0,07 $	Micro-turbines (2003)	120	92 000 $	70 000 $	Service énergétique paye la plupart de ces coûts initiaux d'installation & opération & maintenance en 5 ans. Vendu à Albert Lea pour 1$.
Burlingame, California	13 (3,4 Mg/j)	0,14 $	Moteur à combustion interne (2006)	200	912 000 $	116 000 $	
Marshalltown, Iowa	24 (6,4 Mg/j)	0,07 $	Moteur à combustion interne (1972)	1 000	Inconnu	70 000 $	
Sheboygan, Wisconsin	40 (10,5 Mg/j)	0,06 $	Micro-turbines (2006, 2010)	700	1,8 millions $	125 000 – 250 000 $	Service énergétique paye la plupart de ces achats de 2006, puis vend à Sheboygan.
Gwinnett County/ Fort Wayne Hill, Georgia	113 (30 Mg/j)	0,04 $	Moteur à combustion interne (2011)	2 100	5,2 millions $	1 millions $	
Narragansett Bay / Bucklin Point, Rhode Island	83 (22 Mg/j)	0,11 $	Moteur à combustion interne (2014)	600	4 – 5 millions $	325 000 $	Planifié
Occoquan, Virginia	(32 Mg/j)	0,06 $	Moteur à combustion interne (2013)	848	4,5 millions $	375 000 $	Planifié
Hampton Roads, Virginia	204 (54 Mg/j)	0,06 $	Moteur à combustion interne (2012 – 2013)	2 200	406 000$/a, Prêt service 20 ans	385 000 $	

TABLEAU 6.1

Exemples d'usines utilisant le biogaz pour produire de l'énergie.

Hydroélectricité

De grands projets hydrauliques peuvent générer des quantités significatives d'énergie lorsque l'eau est transportée d'élévations hautes vers des plus basses. Dans les opérations en eau potable et eaux usées, il existe de nouvelles opportunités pour exploiter l'énergie cinétique de l'eau potable et des eaux usées s'écoulant afin de produire de l'électricité. Ces options incluent des turbines en conduite et de microhydroélectricité. L'énergie produite est une fonction du volume d'eau rejeté (déversement) et de la distance verticale à laquelle l'eau tombe (tête).

HYDROÉLECTRICITÉ DANS LA VILLE DE DOVER, NEW HAMPSHIRE

La ville de Dover, New Hampshire, a démontré l'utilisation d'une petite technologie innovante d'hydroélectricité qui utilise une chute verticale de 18m (59 pieds) dans sa canalisation de sortie.

La StaRRE rejette environ 11 ML/j (2,9 Mg/j) et s'attend à produire environ 15 kW.

Pompes thermiques

Une pompe thermique est un appareil qui utilise de petites quantités d'énergie pour déplacer la chaleur d'un endroit à l'autre. Les eaux usées ou effluents d'une StaRRE peuvent être utilisés comme source ou puits de chaleur. Une pompe thermique peut être utilisée afin d'extraire et transférer la chaleur pour fournir de l'énergie de chauffage ou refroidissement aux bâtiments ou procédés du service. Généralement, l'économie d'énergie est plus facile dans les climats froids et quand les prix de combustible sont élevés. Il y a divers exemples d'usines en Amérique du Nord qui récupèrent la chaleur de leur effluent : Chicago, Illinois ; Kent County, Delaware ; King County, Washington ; Philadelphia, Pennsylvania.

Autres sources énergétiques inhérentes

L'énergie chimique des eaux usées, qui sont souvent traitées en aérobie et avec un apport énergétique, pourrait théoriquement être récupérée pour produire de l'énergie si un procédé de traitement différent était utilisé (ex : traitement en anaérobie ou pile à combustible bactérienne). De même, les biosolides traités ont une énergie inhérente qui n'est typiquement pas, à l'heure actuelle, récupérée à cause des exigences énergétiques pour sécher les biosolides (voir *Technologies alternatives de traitement* dans la Section 7 pour une discussion plus détaillée sur les technologies innovantes).

SOURCES ÉNERGÉTIQUES SUPPLÉMENTAIRES

ACTIVER	INTÉGRER	OPTIMISER
IDENTIFIER DES SOURCES ÉNERGÉTIQUES SUPPLÉMENTAIRES	APPLIQUER DES SYSTÈMES DE PRODUCTION	MAXIMISER LA PRODUCTION
• Des sources énergétiques non dérivées de l'eau qui sont disponibles quantifiées, telles que : ◦ Co-digestion ◦ Solaire ◦ Éolienne • Évaluation du marché de matière première effectuée.	• Les usines de production énergétique exploitent et produisent de l'énergie / de la chaleur ou du combustible. • Quantité et qualité des matières premières s'alignent avec la capacité.	• Production électrique sur site à partir de toutes les sources se rapproche ou excède la demande électrique sur site. • Déchets organiques à forte résistance (ex : nourriture, gras, huiles et graisses, etc.) intégrés à l'approvisionnement en matières premières pour augmenter potentiel de production.

Les sources énergétiques supplémentaires incluent toutes les sources énergétiques utilisées qui ne proviennent pas directement de l'eau. Les trois sources supplémentaires les plus courantes (co-digestion, énergie solaire et énergie éolienne) sont présentées dans cette section.

La Water Environment Research Foundation a développé le **Green Energy Life Cycle Assessment Tool (GELCAT) and User Manual** (Outil d'analyse de cycle de vie de l'énergie verte et manuel d'utilisateur) pour évaluer la viabilité économique des technologies d'énergie renouvelable (WERF, 2012b).

Une autre source énergétique potentielle est l'énergie géothermique extraite du sol ou des eaux souterraines.

Co-Digestion

Durant la dernière décennie, un certain nombre d'usines ont agrandi leurs opérations de digestion en incluant des matières organiques à forte charge, telles que les déchets de production alimentaire ; matières grasses, huiles et graisse (FOG = fats, oils, and grease) ; et plus récemment, les restes alimentaires. Ces matières se dégradent généralement de façon rapide et peuvent augmenter significativement la production de biogaz. De plus, offrir une option de récupération durable réduit la quantité de matières illégalement disposées ou déposées en décharge. La digestion anaérobie des matières qui seraient normalement mises en décharge réduit les émissions de GES, car tout le méthane produit dans les digesteurs anaérobies peut être extrait et converti en dioxyde de carbone (un GES beaucoup moins puissant). En 2010, la WEF a publié une mise à jour sur les pratiques dédiées à la co-digestion des déchets à forte charge dans les digesteurs anaérobies municipaux (WEF, 2010).

Énergie solaire

L'énergie solaire, ou énergie photovoltaïque est devenue de plus en plus commune et plus rentable. Le prix moyen d'une usine pour un panneau photovoltaïque est d'environ 1$/W, ce qui résulte en un coût d'installation de 2500$ à 5000$/kW avec des équipements auxiliaires, structures de soutien, installation et assurance (Site internet d'U.S. EPA pour chaleur et énergie combinées, http://www.epa.gov/chp/). Les prix de l'énergie solaire diminuent d'environ 4% chaque année depuis les 15-20 dernières années et il est prévu qu'ils continuent de baisser à un taux accéléré (pour référence, au début des années 1980, les systèmes photovoltaïques coûtaient plus de 25 000$/kW.)

L'énergie photovoltaïque est de nature modulable et peut être située à divers endroits, tels que sur les toits des bâtiments, intégrée à des structures ou seule en terrain ouvert. L'énergie solaire produit le plus d'énergie en heures de pointe et possède le moins d'exigences opérationnelles et de maintenance. Des informations supplémentations peuvent être consultées sur le site internet du laboratoire national des énergies renouvelables (http://www.nrel.gov/analysis/pubs_solar.html), qui inclut des outils pour estimer le potentiel de production énergétique de sites spécifiques et directives de conception pour des systèmes opérationnels. L'énergie solaire peut aussi être utilisée pour chauffer l'eau et, dans d'autres systèmes, améliorer le séchage des boues.

Énergie éolienne

La localisation idéale pour une éolienne est un site sans obstacle pouvant causer la perturbation du débit d'air et loin des habitations humaines. Cependant, en réalité, un tel site est rarement possible. En pratique, le facteur le plus important à considérer est la vitesse du vent. Généralement, une vitesse régulière du vent d'au moins 20 km/h (12 mph) est requise. L'énergie étant proportionnelle à la vitesse du vent au cube, une petite augmentation de la vitesse du vent peut avoir un effet significatif sur l'énergie produite. La vitesse du vent peut être maximisée en utilisant de plus hautes tours et en plaçant l'éolienne loin des obstacles. Une énergie éolienne suffisante est plus probable au niveau des terrains vallonnés et le long des côtes de grandes étendues d'eau telles que les baies, lacs et océans.

Le système de prix de l'énergie éolienne, basé sur le kilowatt, est similaire à celui de l'énergie photovoltaïque. Cependant, alors que l'énergie photovoltaïque fonctionne seulement sur une moyenne annuelle de 6 heures par jour, le vent peut fonctionner jusqu'à 24 heures par jour, produisant ainsi plus d'énergie par dollar investi. D'un autre côté, les éoliennes présentent beaucoup plus d'exigences opérationnelles et de maintenance que l'énergie photovoltaïque.

CERTIFICATS D'ÉNERGIE RENOUVELABLE

ACTIVER	INTÉGRER	OPTIMISER
PLANIFIER POUR CER[a]	UTILISER CER	MAXIMISER LES VALEURS CER
• Les employés comprennent mieux les régulations d'État concernant les normes d'inclusion d'énergies renouvelables et la production et vente de CER.	• Le service produit, vend et/ou achète des CER, selon le besoin.	• Ventes et achats de CER optimisés pour maximiser la valeur des ressources, en utilisant potentiellement l'automatisation.

[a] CER = Certificat d'énergie renouvelable.

Les certificats d'énergie renouvelable représentent les attributs financiers et environnementaux de l'énergie produite à partir de sources renouvelables.

Les certificats d'énergie renouvelable peuvent être achetés par les services ou producteurs d'électricité pour être conformes aux mandats d'énergie renouvelable.

Dans les États avec des exigences pour la production d'énergie renouvelable, les CER peuvent être utilisés pour répondre aux normes. Dans les États sans ces exigences, les CER sont échangés sur un marché volontaire.

Normes d'inclusion d'énergies renouvelables

Les normes d'inclusion d'énergies renouvelables (NIER) exigent que les services possèdent ou acquièrent de l'énergie renouvelable ou des CER pour tenir les comptes par rapport à un certain pourcentage de leurs ventes totales d'électricité ou une certaine quantité de capacité de production dans une période de temps spécifiée. Tel que discuté dans Vers une neutralité carbone de la Section 2, de nombreux États américains, provinces canadiennes et pays du monde entier ont adopté les NIER ou des politiques / objectifs similaires. Plusieurs États avec des NIER, tels que la Californie, le Colorado, la Floride, le Massachusetts et New York, considèrent que le biogaz des eaux usées et les biocarburants sont éligibles en tant que ressources d'énergie renouvelable ; l'électricité produite en utilisant le biogaz et les résidus des eaux usées contribue aux objectifs ou exigences des NIER. Certains États offrent également des subventions et incitations financières pour développer et encourager l'utilisation de combustibles renouvelables et la production d'électricité renouvelable. Plus d'information sur l'état actuel des NIER et de leurs objectifs peut être obtenue dans la base de données des incitations des États pour les énergies renouvelables & l'efficacité (http:// www.dsireusa.org).

Acheter et vendre des certificats d'énergie renouvelable

Les certificats d'énergie renouvelable sont généralement achetés auprès de courtiers en CER qui ont des ententes à terme de prix avec des propriétaires d'actifs dans le domaine des énergies renouvelables. Avec le marché grandissant, les dirigeants de service peuvent s'attendre à une automatisation sophistiquée d'échange de CER en ligne, similaire à ce qui existe actuellement pour l'électricité et autres commodités. Les prix des certificats d'énergie renouvelable sont basés sur le dollar par mégawattheure. Les acheteurs principaux de CER incluent :

- Les services pour atteindre les objectifs de NIER
- Les grandes compagnies pour atteindre leurs objectifs de durabilité
- Les spéculateurs qui pensent que des facteurs futurs (ex : taxe ou plafond carbone et programme d'échange) vont augmenter les valeurs des CER.

Avec les régulations d'émission de GES qui deviennent de plus en plus répandues, la valeur des CER va augmenter. Dans les États avec des NIER en place, la valeur des CER peut être significative.

EXEMPLE DE LA VALEUR DES CER

En 2012, le district des services municipaux d'East Bay a conclu une entente d'achat énergétique pour vendre l'excès d'énergie renouvelable produit sur site.

L'entente a entrainé le doublement du prix unitaire disponible sur le marché de gros, en incluant un paiement du CER d'environ la même valeur que l'énergie.

Politiques d'achat d'énergie verte

De nombreux gouvernements locaux sont résolus à utiliser un certain pourcentage de sources renouvelables pour leur énergie, incluant le biogaz des eaux usées et les biocarburants, encourageant ainsi l'achat d'énergie verte. De plus, si un service possède une production énergétique renouvelable sur site, il peut avoir l'option de vendre l'excès d'énergie ou les CER associés aux gouvernements locaux qui ont besoin d'être conformes aux politiques d'achat d'énergie verte. Une autre option est d'investir dans des usines d'énergie verte. Plus d'information sur les politiques d'achat d'énergie verte, objectifs et technologies éligibles peut être obtenue sur le site internet d'*Open Energy Info* (http://en.openei.org/wiki/Green_Power_Purchasing).

Un autre effort similaire pour augmenter l'énergie renouvelable sur le marché est le regroupement de choix communautaire (CCA = Community Choice Aggregation), où les gouvernements locaux peuvent acheter de l'électricité pour les utilisateurs d'électricité dans leur zone de service, tout en maintenant la transmission et distribution des services de l'usine locale. Le CCA offre généralement un pourcentage beaucoup plus élevé d'énergie renouvelable que ce qui est fourni par le propriétaire de l'usine (jusqu'à 100%). Six États américains ont adopté des lois de CCA (Californie, Illinois, Massachusetts, New Jersey, Ohio et Rhode Island) et un peu moins d'une douzaine de programmes sont actuellement en fonctionnement (Département énergétique : http://www.dsireusa.org et http://apps3.eere.energy.gov/greenpower/markets/community_choice.shtml).

RÉFÉRENCES

Metcalf and Eddy (1991) *Wastewater Engineering : Treatment, Disposal, Reuse* (Ingénierie des eaux usées : Traitement, élimination et réutilisation), 3rd ed. ; McGraw-Hill : New York.

U.S. Environmental Protection Agency (2011) *Opportunities for Combined Heat and Power at Wastewater Treatment Facilities: Market Analysis and Lessons from the Field* (Opportunités pour chaleur et énergie combinées dans les stations d'épuration : Analyse de marché et leçons apprises sur le terrain) ; U.S. EPA : Washington, D.C.

Water Environment Federation (2010) *Direct Addition of High-Strength Organic Waste to Municipal Wastewater Anaerobic Digesters* (Addition directe de déchets organiques à forte charge aux digesteurs anaérobies des eaux usées municipales) ; Technical Practice Update ; Water Environment Federation : Alexandria, Virginia.

Water Environment Research Foundation (2012a) *Barriers to Biogaz Use for Renewable Energy* (Barrières contre l'utilisation de biogaz pour les énergies renouvelables) ; Project No. OWSO11c10 ; Water Environment Research Foundation : Alexandria, Virginia.

Water Environment Research Foundation (2012b) *Green Energy Life Cycle Assessment Tool (GELCAT) and User Manual* (Outil d'analyse de cycle de vie de l'énergie verte et manuel d'utilisateur) ; Project No. OWSO6R07c ; Water Environment Research Foundation : Alexandria, Virginia.

Water Environment Research Foundation (2012c) *Life Cycle Assessment Manager for Energy Recovery (LCAMER)* (Gestionnaire d'analyse de cycle de vie pour la récupération énergétique) ; Water Environment Research Foundation : Alexandria, Virginia.

Wiser, J.; Schettler, J.; Willis, J. (2012) *Evaluation of Combined Heat and Power Technologies for Wastewater Treatment Facilities* (Évaluation des technologies de chaleur et énergie combinées pour les stations d'épuration) ; EPA-832/R-10-006 ; Préparé pour Columbus Water Works, Columbus, Georgia ; Brown and Caldwell : Atlanta, Georgia.

section 07

Innover pour l'avenir

« Un ferme engagement envers l'innovation aujourd'hui attirera les talents humains nécessaires pour résoudre les défis du monde de demain. »

BILL TOFFEY

Stratégiste en durabilité, Effluential Synergies, LLC, Philadelphia, Pennsylvania

Le domaine *Innover pour l'avenir* est composé des thèmes suivants :

- ▶ **RECHERCHE ET DÉVELOPPEMENT**
- ▶ **GESTION DES RISQUES**
- ▶ **TECHNOLOGIES ALTERNATIVES DE TRAITEMENT**
- ▶ **APPROCHES ALTERNATIVES DE GESTION**

Les facteurs d'innovation englobent des normes réglementaires plus strictes, des budgets plus serrés, des objectifs ambitieux de durabilité communautaire et la promesse de technologies rentables. Cependant, de nombreux obstacles potentiels existent. Le secteur de l'eau est de nature prudente et peut être réticent envers le changement, même ceux qui utilisent des technologies bien établies ou de nouvelles technologies qui présentent peu de risques pour le service. En même temps, le secteur de l'eau reconnait le besoin de continuer à soutenir la recherche et le développement de nouvelles technologies et stratégies qui permettront à l'industrie de gérer des régulations plus strictes, des coûts croissants et des ressources plus rares.

RECHERCHE ET DÉVELOPPEMENT

ACTIVER	INTÉGRER	OPTIMISER
PLANIFIER LA R&D[a]	EXÉCUTER LA R&D	DÉVELOPPER LA R&D
• Les employés sont bien initiés aux technologies existantes. • Opportunités identifiées après examen des technologies émergentes.	• Le budget du service inclut un financement R&D. • Le service participe activement à des partenariats d'innovation dans l'eau (ex : centres d'innovation en eau, fondations de recherche, partenariats universitaires, etc.).	• La culture du service ouverte à de nouvelles technologies. • Visites d'usines avec des technologies innovantes ont lieu régulièrement. • Essais complets et projets de recherche favorisent de plus amples avancées dans l'industrie.

[a] R&D = Recherche et développement.

Types de technologies innovantes

Innovation fait référence à de nouvelles technologies, nouvelles stratégies opérationnelles et l'utilisation nouvelle de technologies existantes. Dans le contexte du *Plan énergétique,* l'innovation promet une meilleure efficacité énergétique ou une production énergétique améliorée.

Les technologies peuvent être divisées en trois classes :

- Embryonnaire — qui est toujours en laboratoire ou en phase de pilote.
- Innovante — qui fonctionne en démonstration ou à grande échelle, capable d'être évaluée pour des applications commerciales, mais avec très peu de déploiement.
- Établie — qui inclut des procédés communément appliqués et des technologies d'autres secteurs.

Les technologies à différents stades de développement présentent différents risques et avantages pour un service. Des ressources variées sont disponibles pour en apprendre plus sur les technologies embryonnaires, innovantes et établies. Les manuels de bonnes pratiques de la *Water Environment Federation* offrent une base pour les technologies établies. De plus, la *Water Environment Research Foundation (WERF)* produit un très grand nombre d'informations sur les technologies existantes et émergentes, ainsi que sur les approches (http://www.werf.org). U.S. EPA aide avec le « transfert de technologie »; un exemple étant sa publication qui résume plus de 100 technologies émergentes (U.S. EPA, 2008). Les articles de recherche académique, publications industrielles et événements de partage d'information des organisations professionnelles, largement disponibles pour les dirigeants et employés, offrent des introductions aux technologies innovantes et embryonnaires.

Créer un pôle d'innovation

Bien que les « pôles d'innovation » soient courants dans les secteurs de l'énergie, de la santé et de la communication, ils ne sont pas encore très présents dans le secteur de l'eau. Les pôles d'innovation comblent un vide pour les compagnies de technologie et les « précurseurs », en termes d'accès à des capacités légales, techniques et financières nécessaires au changement. Pour combler ce vide dans le secteur de l'eau, le forum des leaders en innovation pour les technologies (LIFT) a été établi en 2012 grâce à une collaboration entre WERF, WEF et plusieurs autres agences publiques de pointe afin d'offrir un mécanisme d'accès à un ensemble de services qui permettent à un département de prendre l'initiative de tester et développer des technologies embryonnaires et innovantes.

Utiliser des collaborations académiques

Les dirigeants de service peuvent encourager de façon proactive des collaborations avec des chercheurs académiques. Pour certains dirigeants, l'approche appropriée vers l'innovation est d'apprendre de la recherche d'autres groupes. Cependant, d'autres dirigeants peuvent se joindre à un ou plusieurs partenaire(s) pour financer de la recherche universitaire ou en allant plus loin, pour mener de la recherche et du développement sur mesure en interne. Dans tous les cas, une équipe académique fournit une expertise très spécialisée et un service offre un endroit pour tester des technologies embryonnaires. Ce type de collaboration peut aussi permettre de favoriser le soutien financier national d'agences telles que la Fondation nationale des sciences (NSF) et la WERF. Dans quelques exemples, un service peut être en mesure de négocier des droits de propriété intellectuelle et partager les profits issus de la commercialisation de technologies spécifiques.

Faciliter le transfert de connaissances et la gestion de l'innovation

De nombreuses organisations professionnelles sont déjà en train d'innover. Rester impliqué avec ces organisations peut être un moyen simple pour rester au courant des dernières avancées. Par exemple, les conférences techniques et le système de gouvernance de la WEF favorisent le transfert de connaissances sur les technologies innovantes et leurs applications ; WERF est un moteur reconnu de recherche dans le secteur de l'eau. Les dirigeants de service peuvent encourager les partenariats entre des agences et autres services ou firmes de technologies pour financer la recherche et les tests pilotes des technologies innovantes qui peuvent bénéficier directement au service, et plus généralement au secteur de l'eau.

Il existe des institutions de recherche de renommée mondiale, et l'une d'entre elles est peut-être proche d'un service. Les dirigeants de service seraient surpris d'apprendre à quel point ces institutions veulent en savoir plus sur ce qu'un service fait et désirent collaborer sur des projets de recherche sur l'eau, au bénéfice du service. Des investissements en recherche ne rapportent pas de résultats immédiats, mais ils permettent d'assurer que de nombreuses options sont exploitées de façon objective, sans la pression des projets financés par les compagnies privées qui exigent de prouver les résultats.

Regarder en dehors du secteur de l'eau Nord-Américain

Il est important d'apprendre de l'exemple des leaders dans d'autres secteurs industriels et d'autres pays. Les innovations introduites en Asie et en Union européenne peuvent peut-être s'appliquer en Amérique du Nord. De même, les approches innovantes dans des secteurs industriels moins conservateurs, telles que les industries pharmaceutiques et en biocarburant, offrent des modèles d'adaptation et de flexibilité. La *Water Environment Federation* attire des présentateurs du monde entier à sa conférence et exposition technique annuelle WEFTEC, incluant de nombreuses personnes qui se focalisent sur les technologies émergentes et innovantes en conservation et production énergétique.

GÉRER LA GESTION DES RISQUES

ACTIVER	INTÉGRER	OPTIMISER
IDENTIFIER ET HIÉRARCHISER LES RISQUES	LIMITER LES RISQUES	FAVORISER L'INNOVATION
• Risques liés à l'innovation identifiés. • Stratégie développée pour limiter les risques. • Planification inclut mesures pour s'adapter aux changements climatiques (ex : événements extrêmes).	• Risques réduits grâce à une recherche collaborative et un partage d'informations. • Le groupe directeur reconnait et récompense les approches innovantes.	• L'organisation peut succéder dans le test et l'application de projets innovants et est capable de s'adapter aux opportunités émergentes. • Brevets obtenus pour protéger le service et le secteur de l'eau.

Développer et utiliser de nouvelles technologies comporte des risques, tels que :

▶ **TECHNOLOGIQUE**

le secteur de l'eau requiert généralement qu'une technologie ait de multiples déploiements dans le même pays ou la même région, avec une longue expérience en fonctionnement réussi. Cette exigence n'est pas possible pour de nombreuses technologies innovantes. Les agences pensent, avec un certain degré de justification, qu'une nouvelle technologie demandera des ressources de personnel pour un déploiement fructueux. Ils s'inquiètent de la critique associée avec l'échec d'une technologie. Pour répondre à ces préoccupations, des tests pilotes dirigés par la compagnie offrent un moyen d'évaluer une solution tout en minimisant les risques associés à l'adoption complète d'une technologie.

▶ **FINANCIER**

de nouvelles approchent peuvent demander de grandes améliorations en capital, conçues pour fonctionner sur de nombreuses décennies. De plus, ces améliorations peuvent être mieux testées en utilisant des outils multidimensionnels qui sont moins communs, tels que les analyses de cycle de vie et les analyses de durabilité plutôt qu'un simple remboursement. Si une solution de technologie innovante ne se prête pas à des rénovations à faible coût des structures existantes, un service peut avoir besoin d'accéder à du capital, ce qui implique que les dirigeants de service favorisent les incitations et utilisent des outils financiers en dehors de leur zone d'expertise traditionnelle.

▶ **RÉGLEMENTAIRE**

la rigidité des permis réglementaires laisse souvent peu, voire aucune, flexibilité pour la courbe d'apprentissage associée à la construction et au fonctionnement de nouvelles technologies. La plupart des dirigeants n'ont pas les ressources pour interagir avec des leaders législatifs et réglementaires afin de modifier les règles de permis. Cependant, ils peuvent participer à ces associations d'eau régionales et au niveau de l'État qui travaillent à rechercher des régulations et politiques gouvernementales accommodant les technologies environnementales innovantes.

▶ **RISQUE DE LA CHAINE MARCHÉ / APPROVISIONNEMENT**

le rapport coût/ efficacité des améliorations énergétiques, que ce soit en efficacité ou production, est relié aux futurs prix énergétiques, ce qui introduit un haut degré d'incertitude dans les modèles financiers. Les nouvelles technologies et approches peuvent avoir besoin de pièces d'équipement spécifiques qui n'ont pas de marché établi ou qui ont des prix sujets à la volatilité. Bien que ces risques ne puissent être contrôlés par des agences individuelles, la vision à long terme justifie la prédiction que les prix énergétiques vont augmenter et des améliorations de technologies amélioreront au cours du temps la performance vers des entrées et coûts énergétiques plus faibles.

Créer une culture d’innovation

Il est important de catalyser l’innovation en reconnaissant les employés qui sont des champions du changement. Une culture d’innovation applaudit la mise en place de nouvelles approches rentables qui améliorent l’efficacité ou la production énergétique. Ceci peut être relié à de petites améliorations, conçues en interne, ou à de grandes améliorations, appliquées au fil du temps. Les employés devraient être encouragés à présenter leurs idées et innovations dans des sessions de conférence et publications du secteur. Cette participation peut mener à un meilleur soutien organisationnel pour le changement et l’innovation.

Procédures de passation qui minimisent les risques

Des contrats qui font la promotion d’une vision à long terme en investissements dans des technologies innovantes devraient être utilisés. Ils peuvent être des contrats sur plusieurs années, avec des alternatives flexibles de financement et des options pour des renouvellements multiples (le lecteur est renvoyé vers la discussion sur les contrats alternatifs en énergie dans la partie *Économiser de l’énergie et de l’argent* de la Section 2). Une autre option pour réduire le risque financier est, pour une agence publique, de passer un contrat avec un partenaire privé, qui est un développeur de technologie motivé à mener un test pilote ou une démonstration dans un service. En fournissant le site, et possiblement des ressources en nature, une agence publique peut favoriser l’innovation avec un faible coût initial. De plus, des contrats à long terme de partenariats public-privé peuvent donner lieu à la co-localisation de projets significatifs en biocarburant et production énergétique, dans des installations régionales, avec des risques partagés et des revenus potentiels.

Soutenir les collaborations de recherche et apprentissage partagés

Les dirigeants de service devraient travailler avec d’autres services et mettre en place des collaborations (ex : WERF) pour tester et développer de nouvelles technologies et approches. Des collaborations permettent de mettre des fonds en commun pour soutenir la recherche universitaire et des étudiants diplômés sur des sujets d’intérêt immédiat ou avec un grand potentiel au stage embryonnaire. Les dirigeants de service peuvent donc s’assurer que les données et résultats de tous les essais de nouvelles technologies soient partagés, même quand les essais ne sont pas fructueux. En travaillant avec une variété de services pour tester et partager les résultats, les dirigeants de service réduiront significativement leurs risques individuels et recevront de meilleures récompenses. Une approche pourrait être d’établir un système de « leçons apprises » pour des évaluations objectives et indépendantes qui sont partagées entre les services.

Protéger le service et le secteur avec des brevets

Breveter des procédés innovants, une fois testés avec succès, protège leur utilisation par un service et, en les plaçant sur le domaine public, offre une ressource pour le secteur. De cette façon, le secteur public peut aider à assurer l’adoption gratuite de pratiques innovantes.

TECHNOLOGIES ALTERNATIVES DE TRAITEMENT

ACTIVER	INTÉGRER	OPTIMISER
ÉVALUER LES TECHNOLOGIES	INITIER DES ESSAIS	APPLIQUER LA SOLUTION À GRANDE ÉCHELLE
• Technologies qui réduisent l'utilisation énergétique ou augmentent la production énergétique identifiée.	• Technologies avancées de traitement à faible énergie et technologies de production énergétiques testées.	• Procédés à plus faible consommation énergétique remplacent le traitement secondaire à forte consommation énergétique.

La neutralité énergétique dans les opérations d'eaux usées est en soi un catalyseur d'innovation.

Des efforts récents pour considérer les stations d'épuration en tant que StaRRE et adopter la neutralité énergétique reflètent un changement radical significatif du traitement et de l'élimination traditionnels.

Cette vision future requiert des innovations technologiques, opérationnelles et institutionnelles significatives.

Technologies innovantes de traitement à faible énergie

▶ SÉCHAGE À FAIBLE ÉNERGIE

Bien que les lits de séchage continuent d'être une technologie incontournable (facteurs climatiques et permis d'espace), des approches innovantes de séchage à faible énergie sont en train d'apparaitre. Le séchage solaire dans des enceintes de serre est utilisé dans des régions géographiques qui ne sont typiquement pas associées à du séchage passif. L'utilisation de la chaleur perdue des équipements de co-génération peut être dirigée vers des équipements innovants de séchage.

▶ ÉLIMINATION BIOLOGIQUE DE L'AMMONIAQUE À FAIBLE ÉNERGIE

Plusieurs procédés sont en développement ou dans les phases préliminaires de déploiement pour offrir une élimination de l'ammoniaque avec une utilisation énergétique beaucoup plus faible que les approches traditionnelles d'élimination des nutriments. Ces systèmes utilisent des bactéries spécifiques qui utilisent le nitrite (un produit intermédiaire de la nitrification) et l'ammoniaque pour produire de l'azote gazeux et de l'eau (ex : Anammox).

▶ PILES À COMBUSTIBLE MICROBIENNES

Une pile à combustible microbienne (PCM) est un appareil qui convertit l'énergie chimique en énergie électrique grâce à la réaction catalytique de micro-organismes. Cette technologie couvre à la fois un traitement énergétiquement efficace et une production énergétique, et peut un jour devenir la réponse aux systèmes conventionnels et énergétiquement intensifs de traitement en aérobie. La recherche actuelle se focalise sur l'augmentation d'efficacité et l'élimination adéquate de la demande chimique en oxygène. À l'avenir, un service peut être sollicité pour organiser une démonstration de PCM.

▶ TRAITEMENT SECONDAIRE ANAÉROBIE

Des chercheurs se focalisent à développer des systèmes de traitement anaérobie comme solution prometteuse pour minimiser la demande énergétique et maximiser la conception des installations pour la récupération de nutriments, d'énergie et d'eau (Kim et al., 2010). Les systèmes anaérobies ont une demande énergétique significativement moins importante pour traiter et créer du biogaz riche en énergie et qui produit beaucoup moins de déchets de boues activées en comparaison aux systèmes classiques aérobies. Actuellement, il n'y a pas de système fonctionnant à grande échelle, mais certains leaders en eaux usées sont convaincus que c'est en relevant ce défi qu'il sera possible d'atteindre la neutralité énergétique dans le secteur.

▶ MATIÈRES GRASSES, HUILES ET GRAISSE EN ÉNERGIE

La production énergétique à partir de déchets organiques à forte résistance est de plus en plus utilisée dans les StaRRE. Les liquides et résidus organiques, qui peuvent autrement être déchargés dans les égouts, entrainant un fort coût énergétique de traitement, peuvent être gérés à la place en considérant leur valeur énergétique potentielle. Les matières grasses, huiles et graisses (FOG, *Fats, Oils, and Grease*) sont particulièrement intéressantes. Ces substances pompées des intercepteurs et pièges à graisse des restaurants posent un dilemme pour les systèmes de collecte, mais peuvent être intentionnellement transportées vers des StaRRE pour une récupération énergétique plus efficace. De tels résidus et les FOG peuvent être convertis en biogaz dans les digesteurs anaérobies municipaux afin d'être utilisés dans les chaudières ou générateurs. Une autre technologie innovante de production énergétique récupère la graisse brune de faible qualité et la convertit en biodiésel de haute qualité, conforme aux normes de la société américaine de test des matériaux (ASTM).

▶ CONVERSION THERMOCHIMIQUE DE BIOSOLIDES EN ÉNERGIE

Après la digestion anaérobie, les biosolides contiennent encore une quantité significative d'énergie, qui en théorie peut être convertie thermochimiquement en une forme utilisable (combustible, chaleur et électricité). À l'état sec, l'énergie contenue dans les biosolides est comparable au bois (14 000 à 21 000 kJ/kg). Le problème est que les biosolides ne sont pas secs. Des biosolides asséchés contiennent encore 75% ou plus d'eau, ce qui requiert une quantité significative de chaleur (i.e énergie) durant les procédés typiques de conversion thermique pour convertir les solides. Néanmoins, vu que les options de réutilisation et élimination des biosolides deviennent de plus en plus limitées et que les coûts augmentent, les services considèrent les procédés de conversion thermochimique pour récupérer directement l'énergie, créer un produit combustible (ex : pastilles) ou convertir les biosolides en un combustible de transport alternatif et renouvelable.

Les technologies varient de l'oxydation thermique (i.e. incinération), dans laquelle les produits thermiques sont complètement oxydés à de fortes températures (800 à 1650 ºC) en présence d'air en excès, à la pyrolyse, durant laquelle les produits organiques sont partiellement oxydés à de fortes températures (400 à 800 ºC) en absence d'oxygène. Pendant la pyrolyse, le matériel organique, tel que les biosolides, est converti en composés organiques, gaz non condensables et solides. Le produit solide à base de carbone qui se forme lors d'une combustion incomplète est nommé *carbonisé* et peut être utilisé comme combustible solide seul ou mélangé avec du charbon et servir de source potentielle alternative de combustible pour les centrales électriques. Entre l'oxydation thermique et la pyrolyse, il y a la gazéification, qui correspond à l'oxydation partielle de produits organiques, entrainant la formation d'un combustible appelé *gaz de synthèse* (H2/CO, monoxyde de carbone, hydrogène et méthane).

Des exemples existants de ces technologies incluent une usine de séchage de biosolides du Maryland qui produit des pastilles utilisées dans les fours de cimenterie du voisinage. Les pastilles remplacent le charbon et la cendre résiduelle qui est créée est incorporée au ciment. Une autre usine en Floride utilise la chaleur d'un système de gazéification de biosolides pour aider à sécher les biosolides. Une troisième usine en Californie développe un système pour produire du diésel renouvelable de haute qualité à partir de biosolides.

▶ ALGUES

Les algues récupèrent les nutriments des eaux usées et produisent une biomasse riche en contenu énergétique. En théorie, l'important contenu en nutriments des eaux usées est un excellent milieu de croissance pour les algues, ce qui pourrait permettre aux réacteurs d'algues d'être utilisés pour une élimination des nutriments très efficace et à faible énergie. De plus, la biomasse d'algues contient beaucoup d'huiles qui peuvent être converties en biocarburant. Une autre synergie est que, vu que la croissance d'algues requiert du dioxyde de carbone, les émissions d'une usine de co-production pourraient être évacuées vers des réacteurs d'algues. Ces facteurs rendent le traitement avec algues très prometteur pour la récupération énergétique, bien qu'aucune installation à grande échelle n'existe à l'heure actuelle. Actuellement, les systèmes de démonstration requièrent de grands espaces de terre et donc, sont faisables plutôt dans les zones rurales.

APPROCHES ALTERNATIVES DE GESTION

ACTIVER	INTÉGRER	OPTIMISER
IDENTIFIER LES ALTERNATIVES	APPLIQUER LES ALTERNATIVES	ÉTENDRE L'INTÉGRATION
• Les options de traitement décentralisé sont considérées. • Planification effectuée sur la base du bassin versant.	• Projets d'infrastructure verte appliqués au besoin. • Régionalisation améliorée (ex : procédé de biosolides) considérée et appliquée au besoin.	• Approches alternatives de gestion (ex : décentralisation, régionalisation, etc.) utilisées, au besoin, pour maximiser les bénéfices généraux au niveau de la région.

Systèmes décentralisés ou hybrides

Les alternatives pour conserver ou produire de l'énergie ne sont pas toutes basées sur de la technologie ou du moins, elles ne sont pas forcément résolues par une nouvelle technologie ou une technologie existante. Dans beaucoup d'exemples, la façon la plus efficace de résoudre un problème est de changer le système ou l'approche de gestion. Par exemple, des systèmes décentralisés peuvent réduire le besoin de pomper sur de longues distances. Des techniques telles que le traitement local des eaux usées peuvent économiser de l'énergie en éliminant l'eau des systèmes d'égouts, en la traitant jusqu'à une qualité d'irrigation pour des utilisations locales et en renvoyant la charge en nutriments dans les égouts afin d'être gérées par le système centralisé.

Intégrer l'innovation et la conservation

Une opportunité de gestion est de partager la vision du service, en ce qui concerne l'innovation, dans l'ensemble de l'entreprise. Souvent, les opérateurs ne connaissent pas les implications financières de procédés inefficaces et, à la place, se soucient principalement de l'objectif de respecter les limites d'effluent. Par conséquent, de nombreux opérateurs (qui seraient autrement une excellente source de solutions créatives) ne sont pas capables de participer, car ils ne comprennent pas l'importance ou les moyens pour réduire la consommation énergétique.

Vision holistique

Une autre option de gestion est de s'engager dans l'examen complet du système de traitement. Les dirigeants de service peuvent se rendre compte qu'avec l'ajout de différentes limites d'effluent au cours du temps, la réponse traditionnelle des ingénieurs a été d'ajouter des unités de traitement. Avec cette façon graduelle de faire, les services se sont probablement éloignés de ce qui aurait pu être une approche optimale, pour le traitement, d'un point de vue holistique.

Co-localisation et régionalisation

Le groupe directeur pourrait regarder plus loin, en cherchant des opportunités pour développer des relations symbiotiques avec d'autres activités industrielles. La co-localisation d'une centrale électrique avec une StaRRE peut permettre à la StaRRE d'utiliser la chaleur perdue d'une centrale électrique afin d'améliorer sa performance tout en fournissant de l'eau de refroidissement à l'usine de production. La régionalisation du traitement des solides peut être utilisée pour obtenir une masse critique de charges organiques pour que la digestion anaérobie soit possible, surtout dans les zones rurales. Dans certains exemples, les processeurs de déchets solides, parcs d'engraissement et usines d'eau peuvent travailler ensemble sur une usine de co-digestion qui tirerait profit des économies d'échelle.

Kim, J.; Kim, K.; Ye, H.; Lee, E.; Shin, C.; McCarty, P. L.; Bae, J. (2010) *Anaerobic Fluidized Bed Membrane Bioreactor for Wastewater Treatment* (Bioréacteur à membrane anaérobie à lit fluidisé pour le traitement des eaux usées). Environ. Sci. Technol., 45 (2), 576–581.

U.S. Environmental Protection Agency (2008) *Emerging Technologies for Waste- water Treatment and In-plant Wet Weather Management* (Technologies émergentes pour le traitement des eaux usées et la gestion d'usine en temps de pluie) ; EPA-832/R-06-006 ; U.S. Environmental Protection Agency : Washington, D.C.

section 08

Conclusions

De nombreux services sont déjà en train de montrer la voie vers un nouveau modèle de production de ressources plutôt que d'élimination de déchets.

Cette transformation offre une opportunité réelle de profits pour les communautés et l'environnement, tout en réduisant les coûts et générant du revenu, ce qui est avantageux pour les contribuables. Avec les stratégies de limitation du changement climatique qui se mettent en place, la valeur des énergies renouvelables et de la conservation énergétique va continuer d'augmenter.

Réussir à gérer l'énergie de façon durable requiert des efforts importants dans de nombreux domaines, comme discuté dans ce document. Néanmoins, des efforts dans seulement un ou deux de ces domaines peuvent avoir un effet positif significatif sur les opérations, les coûts et la culture du service.

Pour commencer, considérer les objectifs tangibles suivants et la façon dont ils peuvent être utilisés par un service :

- √ **Réduire l'utilisation énergétique de 20% par rapport à la valeur initiale dans les 5 prochaines années**
- √ **Éliminer le torchage dans les 10 prochaines années**
- √ **Produire autant d'énergie renouvelable que le service consomme dans les 10 prochaines années.**

section 09

Études de cas

District de récupération des eaux usées Metro, Denver, Colorado (p. 110)

Station d'épuration de la ville de Stevens Point, Stevens Point, Wisconsin (p. 88)

Compagnie des eaux d'Elmira, Elmira, New York (p. 98)

Commission de Narragansett Bay, Providence, Rhode Island (p. 114)

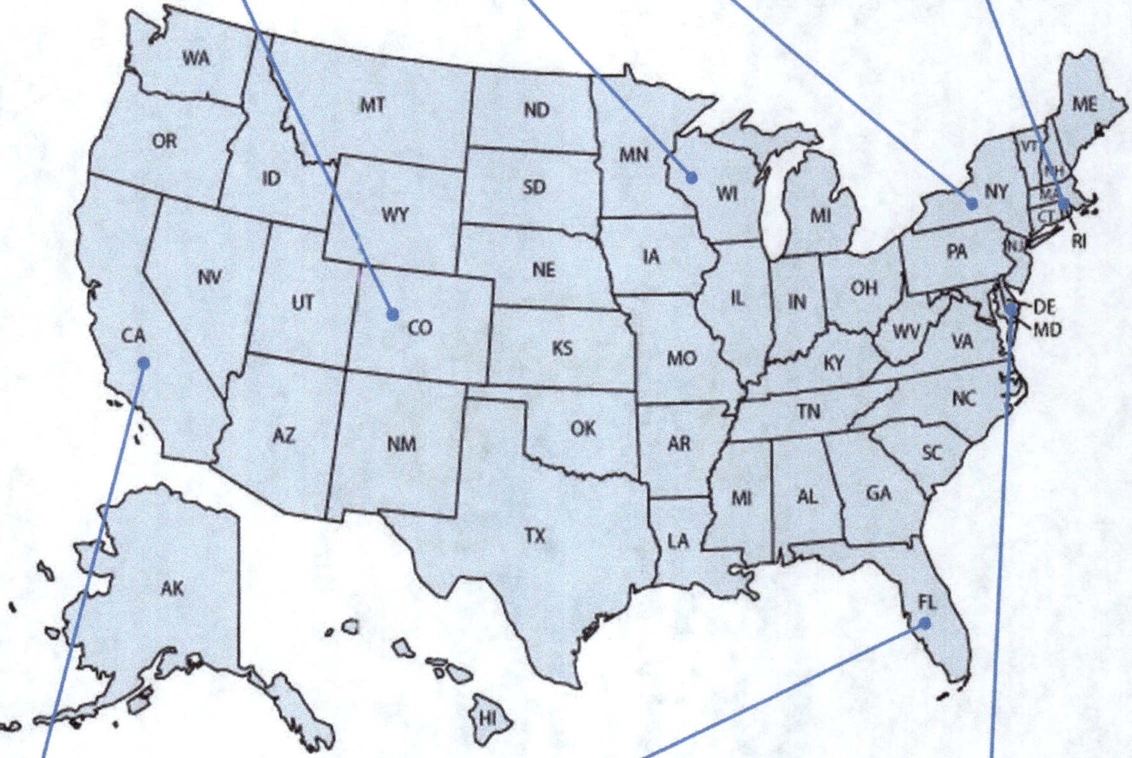

District des services municipaux d'East Bay, Oakland, Californie (p. 94)

Département des services de la ville de Palm Bay, Palm Bay, Floride (p. 80)

Kent County, Milford, Delaware (p. 104)

Département des services de la ville de Palm Bay

Palm Bay, Florida

AGENCE	Département des services de la ville de Palm Bay
LIEU	Palm Bay, Florida
CONTACT CHAMPION ÉNERGIE	**Eau :** Katie Fought, P.E., Directrice de la division d'ingénierie et des opérations de l'usine ; foughk@pbfl.org **Eaux usées :** Edward Roske, P.E., Ingénieur II; roskee@pbfl.org

Débit annuel moyen

Eau : 21,6 ML/j (5,7 Mg/j)

Eaux usées (EU) / Usine de récupération de l'eau (URE) : 11,5 ML/j (3,0 Mg/j)

Utilisation énergétique annuelle moyenne du service (MW)

Eau : 0,68

EU/URE : 0,32

Production annuelle moyenne d'énergies renouvelables du service (MW)

Actuellement aucune ; évaluation des alternatives.

Production annuelle moyenne d'énergies non renouvelables du service (MW)

Actuellement aucune ; doit être étudiée.

Intensité énergétique

Eau : 760 kWh/ML (2870 kWh/Mg)

Eaux usées : 670 kWh/ML (2568 kWh/Mg)

TYPE DE TRAITEMENT

- [x] **Primaire**
- [x] **Secondaire**
- [ ] **Élimination des nutriments**

TYPE DE SOURCE(S) D'ÉNERGIE RENOUVELABLE

- [ ] **Biogaz (boues municipales)**
- [ ] **Biogaz (déchets transportés)**
- [ ] **Solaire**
- [ ] **Éolienne**
- [ ] **Géothermique**
- [ ] **Autre :**

Aperçu du service

Le département des services de la ville de Palm Bay (DSPB), situé à Palm Bay, Florida, dirige trois usines de traitement de l'eau, une station d'épuration (ou StaRRE) et une usine de récupération de l'eau (URE), qui servent plus de 32 000 clients eau et 15 000 clients égouts. Le département des services est organisé en quatre divisions (Ingénierie et opérations de l'usine ; Distribution, collecte et maintenance ; Opération d'affaire ; Systèmes d'information géographique d'entreprise) sous une forme de gouvernement par conseil de gestion.

Objectif énergétique

Réduire les coûts énergétiques de 10%.

L'objectif énergétique a été établi en chartes de projet Six Sigma et utilise l'année civile (AC) 2007 en référence pour les installations d'eau et l'AC 2008 pour les usines d'eau usées / récupération d'eau. Des objectifs énergétiques additionnels sont inclus dans le plan général de durabilité (PGD) de 2010 (http://www. palmbayflorida.org/citymanager /documents/ sustainability_master_plan.pdf).

Progrès vers l'objectif

Une réduction de 39,5% des coûts énergétiques a été atteinte dans l'AC 2012.

DSPB a dépassé l'objectif du PGD de réduire de 10% les émissions de gaz à effet de serre (GES) dans l'AC 2009 de référence.

Réduction des coûts énergétiques annuels et débit de traitement (Stations d'eau et d'eaux usées du département des services de la ville de Palm Bay)

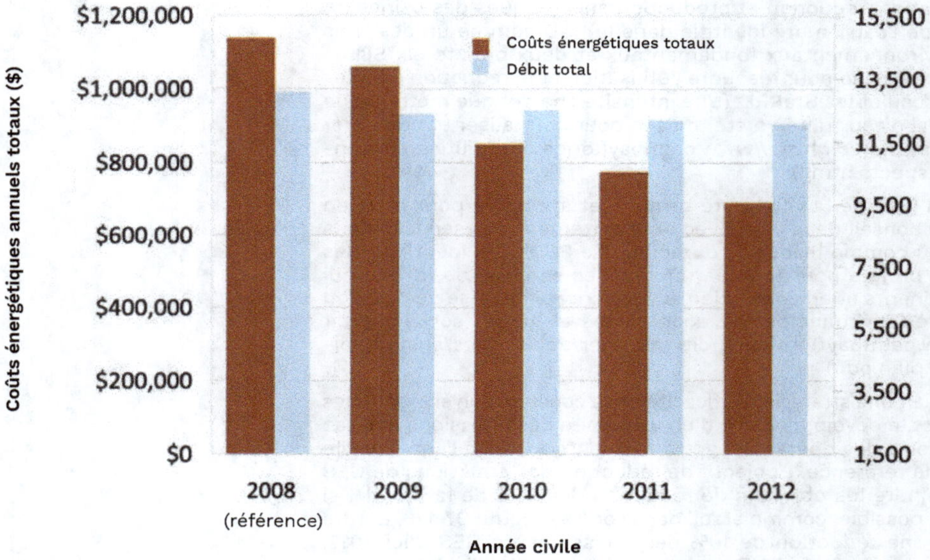

Tonne métrique (tm) d'équivalent dioxyde de carbone (CO2e) — Utilisation électrique (Stations d'eau et d'eaux usées du département des services de la ville de Palm Bay)

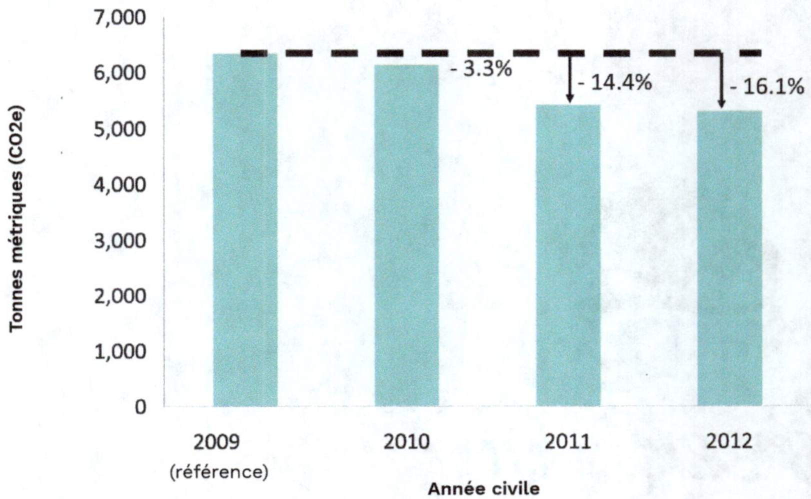

Aperçu du programme énergétique

- Système de gestion environnementale (SGE). En 2008, DSPB a établi son SGE, appelé « GreenWay », et a accompli la planification stratégique au niveau de la ville et du département. (Voir http://www.palmbayflorida.org/utilities/about/strategic.html.)
- « Consommation, réduction et production énergétiques des usines de traitement de l'eau » a été identifié dans le PGD comme un des trois aspects environnementaux fondamentaux et deux projets Six Sigma ont été mis en place pour résoudre l'utilisation et la réduction énergétique dans l'eau et les StaRRE. (Une intensité énergétique métrique de kWh/1000 gal d'eau traitée a été utilisée pour normaliser et comparer entre les usines.) (Voir http://www.palmbayflorida.org/utilities/environment/env_aspects.html.)
- En 2010, un PGD de la ville a été terminé et approuvé pour mise en place par le conseil de la ville, avec le département des services de la ville reconnu comme leader en durabilité. Le PGD 2010 identifiait des activités et projets pour le département des services de la ville qui étaient pertinents et en corrélation avec le critère de prise de décision de durabilité (Environnemental, économique et justice sociale). (Voir http:// www.palmbayflorida.org/citymanager/documents/sustainability_master_plan.pdf.)
- Le PGD incluait une stratégie d'efficacité et de conservation énergétiques (Annexe C) et le développement d'un inventaire des émissions des gaz à effet de serre des opérations gouvernementales, avec l'année civile 2009 comme référence. L'objectif de réduction des émissions de GES était d'atteindre les objectifs de réduction des GES de la Floride, si fiscalement possible, comme établi dans l'ordre exécutif 07-126. L'ordre demandait une réduction de 10% des émissions de GES d'ici 2012, par rapport au niveau de 2017, une réduction de 25% d'ici 2017 et une réduction de 40% d'ici 2025. (Voir http://gogreen.palmbayflorida.org/PDFs/greenhouse_gas_emission _ inventory.pdf.)
- Le département des services de la ville a réduit ses émissions de GES de 23,7%, entre l'inventaire de l'année de référence 2009 et 2011, grâce à une diminution de la consommation de l'énergie électrique et des combustibles fossiles.

**Légende*
Système de gestion environnementale du département des services de la ville de Palm Bay Certifié ISO 14001:2004

Relation entre les domaines du *Plan énergétique* et les activités du service

Gestion stratégique

- Le gouvernement municipal et les plans stratégiques départementaux sont soutenus par un PGD de la ville de Palm Bay avec des critères de décision de durabilité. Ces plans ont optimisé en synergie la planification, le budget et l'accomplissement réussi d'économie d'énergie et de considération de l'utilisation d'énergies alternatives.
- L'évaluation des empreintes carbone du gouvernement municipal et du département des services de la ville a été fondamentale pour mesurer les émissions de GES et atteindre les objectifs de réduction du département des services de la ville, mais aussi ceux de la ville et de l'État.

Culture organisationnelle

- La vision énergétique du gouvernement municipal et du département des services de la ville de Palm Bay a été incorporée au PGD 2010, avec des stratégies de mise en place d'incitations vertes, normes vertes, éducation et diffusion, ainsi que gestion énergétique.
- Des objectifs, cibles et programmes spécifiques ont été initiés et sont en cours dans le SGE avec des projets Six Sigma pour la réduction de l'utilisation énergétique dans les procédés de traitement des usines de traitement et des StaRRE.
- Les formations Six Sigma de ceinture verte et ceinture noire ont été offertes sur une base volontaire. Les formations de gestion de projets Six Sigma et de champion Six Sigma ont été offertes à l'équipe de direction.
- L'établissement et la formation sur un programme de suggestions et un programme de processus d'amélioration (PPA) ont donné aux employés les moyens d'appliquer des changements.
- Le SGE offre des formations au personnel, contrôles de document, processus d'action rectificatif et préventif, et critères d'évaluation de gestion pour établir et maintenir une utilisation énergétique efficace.

Communication et diffusion

- Les activités du SGE ont été dénommées « GreenWay » (incluant logo, politique, matériel promotionnel, exposition internet, articles de presse, programmes de diffusion dans les écoles primaires et secondaires, etc.).
- Transparence et objectivité sont assurées grâce à une certification du SGE par un tiers et au partage en continu des efforts d'amélioration. En réponse aux améliorations en continu et à la réduction des risques (affaires et environnementaux), les agences Standard & Poor 's et Moody's ont augmenté les notations des services d'eau et d'égouts.
- Des récompenses de reconnaissance au niveau de l'État, de la région et du pays sont partagées avec les acteurs. (http://www.palmbayflorida.org/utilities/about/awards.html).
- DSPB a été choisi comme étude de cas par l'agence américaine de protection de l'environnement pour leur guide sur une gestion Lean efficace des services (http://www.epa.gov/lean/environment/pdf/ eum-lean-guide.pdf).
- DSPB a développé et testé un programme éducatif (« WaterWise ») sur la conservation et l'efficacité de l'eau pour des élèves de 5e année.
- Deux résumés ont été approuvés pour être publiés en tant que papiers et présentations à la conférence de Floride sur les ressources aquatiques, en avril 2013. Les titres sont « Une solution innovante et rentable pour améliorer la qualité de votre eau récupérée » et « Le ciel ne risque pas de tomber sur l'épandage en continu des biosolides le long de Space Coast ».

Gestion de la demande

- Les méthodologies révolutionnaires de Six Sigma (définir, mesurer, analyser, améliorer et contrôler) requièrent de comprendre la facturation électrique, l'utilisation électrique (incluant la demande en heures de pointe), les débits de traitement, les procédés et la gestion d'équipe de projet nécessaires à établir des chartes de projet et plans de mesure.
- « Production, gestion et élimination des biosolides » a été ciblé dans le SGE. Une presse à bande filtrante installée pour l'assèchement des biosolides a significativement réduit l'utilisation de combustible et les émissions Scope 3 de GES en diminuant d'environ 80% le camionnage hors site des biosolides.
- Un programme d'infiltration et d'influx très réussi a été initié au sein du SGE pour réduire l'utilisation énergétique du traitement et la demande en heures de pointe de l'usine et dans les stations de relèvement.
- Un programme de gestion énergétique basé sur un système de contrôle et d'acquisition de données qui intègre les capacités du système, l'énergie et la surveillance de débit pour la totalité du système de collecte est en train d'être installé afin de réduire l'utilisation énergétique en heures de pointe aux stations de relèvement et dans les StaRRE.

Production énergétique

- Une analyse préliminaire a été effectuée pour identifier les procédés de traitement disponibles en se basant sur des informations actuelles de matières grasses, huiles et graisse, et composant septique, ainsi que l'analyse alternative de cinq options de revenus et/ou réductions des coûts. Une analyse économique plus poussée est requise.

Innover pour l'avenir

- Le département des services de la ville a collaboré avec une école secondaire pour soutenir un programme qui fournit des expériences de travail en classe, en laboratoire et interactives dans les domaines professionnels du secteur de l'eau. Le programme est le seul de l'État à offrir un curriculum approuvé par la licence « C » des opérateurs en eau et eaux usées du département de protection environnementale de Floride et à payer des frais de test pour l'examen d'accréditation de l'État (http://www.edline.net/files/_LWILR_/ c3624aab1776cc0a3745a4901385 2ec4/AESWRT_Flyer_ Completed_Draft_12-9-10.pdf).
- La production de biosolides de classe A/AA pour remplacer les classes B actuellement produits lors de la digestion aérobie est en cours de considération. Les solutions alternatives incluent le traitement chimique, qui éliminerait le procédé de digesteur, les 65 400$ de coût annuel net électrique et les 10 100$ de coût annuel net de maintenance.
- La division de l'entreprise GIS (EGIS) a contacté des écoles locales pour démontrer la valeur des carrières à EGIS. La division a développé une présentation interactive basée sur un jeu de survie qui utilise des zombies pour capter l'attention des élèves. Le programme a été mis en avant dans un important journal régional (http://www.floridatoday.com /article/20130106/NEWS01/301060021/ Cram-Session-School-Palm-Bay-use-zombies-help- feed-kids-brains).

Leçons apprises au cours de la mise en place du programme énergétique

- Transparence, soutien et validation des acteurs (officiers élus, conseils consultatifs, équipe de direction de la ville et contribuables) doivent être au cœur de la mise en place du programme énergétique des services publics. L'approbation des plans stratégiques municipaux et départementaux par le conseil municipal, incluant un PGD municipal complet, a été essentielle pour que le département des services de la ville de Palm Bay puisse aller de l'avant avec le soutien collaboratif de la communauté et le financement d'initiatives énergétiques.
- La formation de tous les employés en sensibilisation environnementale, des améliorations en continu, le développement en continu d'outils d'amélioration et les techniques *Lean* sont essentiels.
- La formation doit également inclure la communication d'idées. Un programme de suggestion devrait être en place pour capter les idées de tous les employés sur l'évaluation et un PPA devrait être établi pour documenter, quantifier et rapporter ces suggestions qui deviennent des améliorations pour les acteurs.
- À ce jour, le succès du *plan énergétique* du DSPB est basé sur une vision, planification et budget collaboratifs des acteurs clés ; une amélioration en continu de la structure de gestion d'un SGE certifié ; et l'engagement à ce que l'équipe de direction et les responsables élus, qui approuvent les lignes départementales budgétaires de formation, offrent des formations à tous les employés.

Station d'épuration de la ville de Stevens Point
Stevens Point, Wisconsin

AGENCE	Station d'épuration de la ville de Stevens Point
LIEU	Stevens Point, Wisconsin
CONTACT	Jeremy Cramer, Surintendant en eaux usées 715-342-4787 ; jcramer@stevenspoint.com
CONTACT CHAMPION ÉNERGIE	Personnel de l'ensemble des opérations 715-345-5262 Jeremy Cramer, Surintendant en eaux usées 715-342-4787 ; jcramer@stevenspoint.com

Débit annuel moyen

11,7 ML/j (3,1 Mg/j)

Utilisation énergétique annuelle moyenne du service (MW)

0,17

Production annuelle moyenne d'énergies renouvelables du service (MW)

0,14

Production annuelle moyenne d'énergies non renouvelables du service (MW)

0

Intensité énergétique

Traitement des eaux usées : 345 kWh/ML (1300 kWh/Mg)

TYPE DE TRAITEMENT

- [x] Primaire
- [x] Secondaire
- [x] Élimination des nutriments

TYPE DE SOURCE(S) D'ÉNERGIE RENOUVELABLE

- [x] Biogaz (boues municipales)
- [x] Biogaz (déchets transportés)
- [ ] Solaire
- [ ] Éolienne
- [ ] Géothermique
- [x] Autre : Pompe thermique utilisant des eaux usées

Aperçu du service

La ville de Stevens Point, située dans le Wisconsin central, possède et exploite une StaRRE de débit annuel moyen de 11,7 ML/j (3 Mg/j) et qui sert une population d'environ 27 000 personnes. Le service s'occupe aussi de la maintenance de 225 km (140 mi) d'égouts sanitaires et de 15 stations de relèvement. La StaRRE a été construite en 1940 et a subi deux rénovations significatives, une en 1972 et une autre en 1993. La StaRRE utilise le procédé de boues activées combiné à une élimination biologique du phosphore pour respecter les normes d'effluent et une digestion anaérobie pour stabiliser les biosolides. L'usine rejette en continu un effluent avec en moyenne 5 ppm pour la demande biologique en oxygène (DBO) et les solides totaux en suspension, et 0,6 ppm pour le phosphore total. Le biogaz issu des digesteurs anaérobies est brûlé dans une machine de 180 kW qui produit de l'électricité et de l'eau chaude. Cette unité de chaleur et énergie combinées (CEC) fournit actuellement 84% de la demande électrique de la StaRRE et presque 100% de la demande calorifique du digesteur. La chaleur perdue de l'unité de CEC est également utilisée pour maintenir la température dans plusieurs bâtiments du service durant les mois d'hiver.

Afin d'augmenter la production de biogaz, l'usine accepte un grand éventail de déchets à forte charge directement dans les digesteurs anaérobies. L'ajout de déchets à forte charge a doublé la production quotidienne de biogaz et a généré des revenus significatifs grâce à des redevances.

Objectif énergétique

Neutre énergétiquement.

Progrès vers l'objectif

84% de neutralité énergétique.

Aperçu du programme énergétique

Depuis les 10 dernières années, Stevens Point s'est focalisé à devenir, le plus possible, efficace énergétiquement et s'assure d'utiliser tous les équipements et bassins à leur potentiel maximal. Lorsqu'il faut sélectionner de nouveaux équipements, l'efficacité énergétique et la taille sont importantes. L'éducation des opérateurs sur l'utilisation énergétique et la demande électrique est appliquée. L'optimisation des différents procédés utilisés à l'usine pour consommer le moins d'énergie possible est également importante. Le programme énergétique utilisé à Stevens Point peut être décrit comme processus à deux étapes : l'économie d'énergie en premier lieu, puis la production énergétique. L'usine utilise d'abord toute l'électricité produite sur site, puis exporte l'électricité produite en surplus à des réseaux électriques locaux.

Économie d'énergie

Sensibilisation énergétique

1. Les opérateurs sont éduqués sur l'utilisation et la demande électriques et sur la façon dont l'exploitation des équipements affecte la facture électrique.
2. Surveillance quotidienne de l'utilisation et de la demande électriques.
3. Éducation et travail avec des industries et transporteurs locaux sur comment leurs déchets affectent la StaRRE. (Si un déchet peut être concentré et envoyé directement vers la digestion anaérobie, il est alors transporté vers l'usine au lieu d'aller dans les égouts. Ceci augmente la production électrique et réduit l'utilisation électrique liée à l'aération.)

Rénovation des systèmes d'aération

1. Sondes d'oxygène dissous installées pour avoir des suivis plus fiables et en temps réel dans les bassins d'aération.
2. Consigne d'oxygène dissous abaissée dans les bassins d'aération de 2,0 à 0,8 mg/L.
3. Nouveaux diffuseurs d'aération, de plus grande efficacité et avec une meilleure capacité de réduction de débit, installés.
4. Remplacement des diffuseurs à fines bulles en céramique par des diffuseurs à fines bulles à membrane.

Arrêt d'équipements non essentiels

1. Programmation d'un contrôle à logique programmable (CLP) pour éviter de faire fonctionner en même temps des moteurs à haute puissance.
2. Éteindre l'éclairage extérieur.
3. Fonctionnement des diffuseurs d'air canalisé seulement pendant les faibles débits (1 ou 2 heure(s) par jour).
4. Éteindre les ventilateurs d'extraction dans les salles inutilisées.
5. Éteindre les lumières dans les salles et bâtiments, quand non occupés.
6. Éteindre les réservoirs ou équipements quand ils ne sont pas nécessaires.

Rénovation des équipements

1. Installation de compresseurs d'air de l'usine à plus faible puissance, qui sont correctement dimensionnés pour répondre à la demande en air de la flottation d'air dissous, des valves d'air et des pompes à air.
2. Système UV amélioré avec nettoyage automatisé.
3. Puissance réduite des mélangeurs submersibles des bassins anaérobies / anoxies (procédé d'élimination biologique du phosphore).
4. Mélange à mouvement linéaire installé dans le procédé de digestion anaérobie.
5. Diodes électroluminescentes installées dans l'usine.

Rénovation du chauffage et de la climatisation de l'usine

1. Pompes thermiques, utilisant l'effluent de l'usine, installées dans les bâtiments pour le chauffage et la climatisation.
2. Connexion installée avec les chaudières à biogaz pour chauffer plusieurs bâtiments.
3. Chauffage des digesteurs anaérobies avec du biogaz (chaudières ou unité CEC).

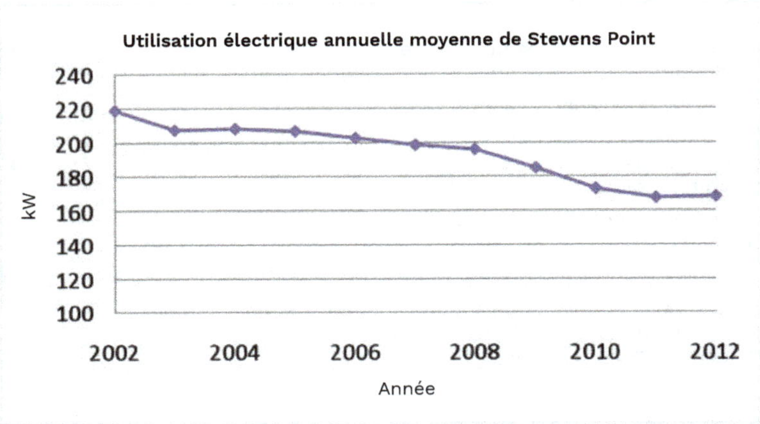

Production énergétique

- Générateur à moteur biogaz de 180 kW installé par unité de CEC.
- Programme de réception des déchets à forte charge

1. Redevances plus faibles pour attirer une plus grande diversité de déchets des transporteurs.
2. Travail au quotidien avec les transporteurs pour maintenir de bonnes relations et attirer plus de matières premières pour les digesteurs.
3. Zones de réception multiple installées pour les déchets à forte et faible charge.
4. Grande diversité de déchets acceptée, tout en surveillant de près les effets généraux sur l'usine, surtout en ce qui concerne les niveaux de phosphore.

- Énergie produite par l'usine utilisée d'abord sur site, puis exportée vers le réseau électrique local.

Relation entre les domaines du ***Plan énergétique*** **et les activités du service**

Gestion stratégique

- Comparer l'utilisation et la production énergétiques avec des services de taille similaire et définir des objectifs.
- Objectif de devenir énergétiquement indépendant.
- Utiliser tous les équipements et réservoirs à leur capacité maximale.
- Comprendre que qu'une usine de production énergétique est exploitée, mais aussi une station d'épuration.

Culture organisationnelle

- Efforts d'équipe, du maire jusqu'à l'accomplissement de l'objectif de devenir énergétiquement indépendant.
- La direction mène par l'exemple et attache de l'importance à la conservation énergétique.
- L'utilisation énergétique est considérée dans toutes les décisions prises concernant l'achat d'équipement, les rénovations d'usine et les changements de procédé.
- Le personnel des opérations s'implique dans la conservation et la production énergétiques.
- Les employés ont l'opportunité d'être créatifs et peuvent recevoir des récompenses.
- Grâce à la vision d'une usine de production énergétique et non juste d'une station d'épuration, le personnel des opérations est très innovant.

Communication et diffusion

- Travail avec des entreprises locales, et des transporteurs locaux et régionaux de déchets pour attirer différentes matières premières pour la digestion anaérobie.
- Visites guidées de l'usine et présentations lors de réunions.

Gestion de la demande

- Utilisation et demande électriques mesurées et analysées quotidiennement, mensuellement et annuellement.
- Utilisation et demande historiques analysées et utilisées depuis 10 ans pour prendre des décisions.
- Structure de la facturation électrique entièrement comprise et considérée lors de la prise de décisions opérationnelles.
- Contrôle et acquisition de données permettent le suivi en temps réel de l'utilisation et de la production.
- Programmation CLP réduit les frais de demande.
- Énergie considérée de près lors de toutes les prises de décision concernant les projets en capital.
- Collaboration avec les gros clients (basé sur les charges en DBO) pour concentrer leurs déchets lors du transport et de l'injection directe dans les digesteurs anaérobies.
- Travail avec les transporteurs pour optimiser le temps de livraison des déchets à forte charge.

Production énergétique

- Objectif de production de biogaz défini à 2300 m3/j (80 000 pieds cubes/j) pour exploiter le générateur à 100% de sa charge.
- Taux de rachat attrayant sécurisé par le service électrique local par rapport à l'électricité exportée dans le réseau.
- Constamment en recherche de nouvelles matières premières pour la digestion et l'augmentation de production de biogaz.

Innover pour l'avenir

- Les employés sont au courant des technologies existantes et sont toujours à la recherche de possibilités futures.
- De nouvelles technologies sont en test pilote à la StaRRE.
- Des essais en interne sont menés pour des mesures d'économie énergétique.

Leçons apprises au cours de la mise en place du programme énergétique

- Dimensionner correctement l'unité CEC et le traitement des gaz (rechercher toutes les possibilités actuelles et futures).
- Les matières premières pour les digesteurs sont « festin ou famine ».
- Besoin d'améliorer la réception et le stockage des déchets à forte charge afin d'alimenter correctement les digesteurs et optimiser la production de biogaz.
- Le mélange est nécessaire dans la station de réception des déchets à forte charge (les déchets stratifient rapidement, surtout les matières grasses, huiles et graisse).
- La charge de boues des digesteurs change la composition en biogaz, ce qui modifie fortement le lavage du biogaz et conditionnement du système.
- Tous les déchets ne sont pas créés de façon identique.
- Les transporteurs de déchets introduiront une proportion importante de matières étrangères « indésirables » dans votre système.
- Des défis et obstacles se présenteront lorsque vous essaierez de faire avancer un projet de biogaz dans un petit service car cela ne fait pas partie du procédé de traitement « normal ».

SUCCÈS

District des services municipaux d'East Bay

Oakland, California

AGENCE	District des services municipaux d'East Bay (EBMUD)
LIEU	Oakland, California
CONTACT CHAMPION ÉNERGIE	Alicia Chakrabarti, Ingénieur civil adjoint 510-287-2059 ; achakrab@ebmud.com

TYPE DE TRAITEMENT

- [x] **Primaire**
- [x] **Secondaire**
- [ ] **Élimination des nutriments**

TYPE DE SOURCE(S) D'ÉNERGIE RENOUVELABLE

- [x] **Biogaz (boues municipales)**
- [x] **Biogaz (déchets transportés)**
- [ ] **Solaire**
- [ ] **Éolienne**
- [ ] **Géothermique**
- [ ] **Autre : Pompe thermique utilisant des eaux usées**

Débit annuel moyen

265 ML/j (70 Mg/j)

Utilisation énergétique annuelle moyenne du service (MW)

4,9

Production annuelle moyenne d'énergies renouvelables du service (MW)

4,9

Production annuelle moyenne d'énergies non renouvelables du service (MW)

0

Intensité énergétique

Traitement des eaux usées : 440 kWh/ML (1680 kWh/Mg)

Aperçu du service

Le district des services municipaux d'East Bay est un service combiné d'eau et d'eaux usées qui sert les communautés d'Oakland et Berkeley, du grand Est de la baie de San Francisco, en plus de petites villes autour. L'usine principale est composée de traitements primaire et secondaire, ainsi que d'une désinfection. Les eaux usées sont rejetées dans la baie de San Francisco.

Objectif énergétique

Producteur net d'électricité
La production d'électricité
renouvelable excède l'utilisation de l'usine.

Progrès vers l'objectif

Objectif dépassé grâce à la génération d'électricité renouvelable à 110% de la demande.

Aperçu du programme énergétique

Deux programmes primaires

1. Récupération de ressources ou R2 :
   acceptation de déchets industriels/commerciaux à forte charge pour la digestion, la production de gaz et la production énergétique.

   Ces efforts ont augmenté la production d'énergies renouvelables sur site de 125% dans les 10 dernières années.
2. Plan principal du système énergétique : incluant un audit énergétique pour identifier les zones potentielles d'économie. Une réduction de la demande de 10% à 15% est prévue. Récemment atteint en octobre 2012.

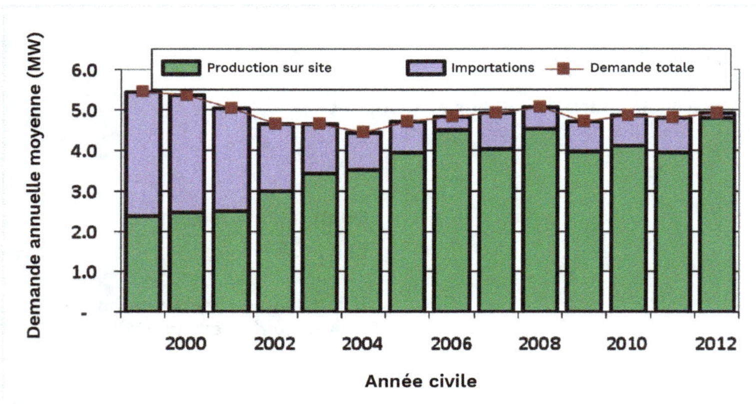

Relation entre les domaines du *Plan énergétique* **et les activités du service**

Gestion stratégique

- Définir des objectifs pour la production énergétique (i.e., devenir producteur net d'énergie) et la réduction de la demande énergétique (10 à 15% de réduction). Identification d'alternatives de production et utilisation de l'analyse du cycle de vie pour sélectionner la production la plus rentable.

Culture organisationnelle

- Constituer une équipe énergie et désigner un leader (« champion »). Des objectifs en lien avec l'énergie intégrés aux plans de performance. Offrir des formations au personnel sur l'utilisation énergétique et la gestion de la demande.

Communication et diffusion

- Communiquer les objectifs et succès énergétiques aux clients. Offrir des visites guidées à des leaders locaux/régionaux et à des médias d'actualité. Être actif dans les groupes de partage d'information et participer à des plaidoyers réglementaires.

Gestion de la demande

- Enregistrer et suivre les factures. Mener un audit. Comparer l'utilisation à différents indicateurs. Améliorer les capacités de compteur. Gérer la charge.

Production énergétique

- Objectifs de production définis et atteints (>100% de la demande, « producteur net d'énergie »). Identifier et gérer des matières premières supplémentaires pour les digesteurs pour augmenter la production de biogaz. Utiliser certificats d'énergie renouvelable.

Innover pour l'avenir

- Faire un suivi actif des développements en technologie de traitement / production. Participer à des groupes de recherche (ex : WERF et universités locales). Évaluer des technologies alternatives et mener des études pilotes sur site pour déterminer la pertinence.

Leçons apprises au cours de la mise en place du programme énergétique

Il peut être difficile de naviguer sur les marchés de commodités environnementales, alors qu'ils sont toujours en développement auprès des régulateurs, car les prix peuvent énormément fluctuer et ne pas atteindre les attentes de revenus. Des matières premières à forte énergie peuvent disparaitre lorsque les producteurs trouvent des alternatives pour l'élimination ou que d'autres StaRRE commencent à accepter les mêmes déchets. La limitation des risques est importante : des contrats à long terme pour des matières premières supplémentaires peuvent limiter les risques liés à la production de biogaz et des contrats à long terme de ventes d'énergie peuvent limiter les risques liés aux prix / revenus.

Compagnie des eaux – Station d'épuration d'Elmira

Elmira, New York

AGENCE	Compagnie des eaux – Station d'épuration d'Elmira
LIEU	Elmira, New York
CONTACT CHAMPION ÉNERGIE	Brian Bednarski, P.E., Directeur général adjoint bbednarski@elmirawaterboard.org

Débit annuel moyen

25 ML/j (6,5 Mg/j)
(usine de traitement de l'eau) ou

19 ML/j (4,9 Mg/j)
(station de pompage)

Utilisation énergétique annuelle moyenne du service (MW)

0,19 (usine de traitement)

0,19 (station de pompage) (2007)

Production annuelle moyenne d'énergies renouvelables du service (MW)

0

Production annuelle moyenne d'énergies non renouvelables du service (MW)

0

Intensité énergétique

Traitement de l'eau :
180 kWh/ML (690 kWh/Mg)

Station de pompage :
240 kWh/ML (930 kWh/Mg)

TYPE DE TRAITEMENT

Usine d'eau potable	Station d'épuration
☑ Coagulation / Floculation	☐ Primaire
☑ Clarification	☐ Secondaire
☑ Filtration	☐ Élimination des nutriments
☑ Pompage	

TYPE DE SOURCE(S) D'ÉNERGIE RENOUVELABLE

- ☐ Biogaz (boues municipales)
- ☐ Biogaz (déchets transportés)
- ☐ Solaire
- ☐ Éolienne
- ☐ Géothermique
- ☐ Autre : Pompe thermique utilisant des eaux usées

Aperçu du service

L'installation est une usine de traitement combiné d'eau de surface/eau souterraine, où 60% des affluents d'eau brute viennent de la rivière Chemun et le reste de quatre puits différents d'eau souterraine, tous à moins de 30 m (100 pieds) de profondeur. Les débits moyens historiques sont entre 20 et 30 ML/j (6 à 8 Mg/j), avec une plus grande demande en eau durant l'été à cause de l'irrigation du terrain de golf. La surface totale de service est de 47 km2 (18 miles carrés), servant une population estimée à 65 000 grâce à 18 000 connexions dans la ville d'Elmira, New York, et une portion des villes voisines.

Le procédé de traitement consiste en un mélange rapide, suivi de coagulation, floculation, clarification et filtration sur sable. L'eau traitée est désinfectée en utilisant du gaz chloré et pompée dans le réservoir d'eau final.

Objectif énergétique

Minimiser la demande et l'utilisation électriques et réduire les coûts associés. Dans de nombreux services, les frais de demande électrique (i.e. énergie instantanée) peuvent représenter un montant important de la facture. La compagnie des eaux d'Elmira a réduit les frais de demande entre 10 et 11% de la facture électrique totale.

Progrès vers l'objectif

Des frais de demande significatifs viennent de la variation considérable de l'utilisation énergétique instantanée. Les graphiques de demande pour l'usine de traitement et la station de pompage montrent que la demande facturée est bien gérée dans une gamme étroite, ce qui minimise les coûts de demande. Ceci résulte en des facteurs de charge élevés de 94,4 et 93,5%, respectivement, indiquant que les deux installations sont très efficaces énergétiquement.

Aperçu du programme énergétique

Programme énergétique

- Formation des opérateurs sur le contrôle de la demande — le résultat étant l'exploitation d'éléments non essentiels durant les heures creuses (quand les prix électriques sont au plus bas).
- Remplacement des moteurs par des moteurs à rendement supérieur.
- Installation de variateurs de fréquence sur les équipements qui requièrent des sorties variables.
- Utilisation d'un générateur sur site pour réduire la demande d'importation.

Accomplissements

- Extrait du rapport annuel 2011 : « Les dépenses opérationnelles pour l'électricité et le gaz représentaient 85% du montant prévu pour 2011. »
- Le rapport annuel 2011 a également souligné que la catégorie pour le pompage et l'énergie était en 2011 de 6 702$ de moins qu'en 2010, tout en vendant 98 991$ de plus d'eau.
- L'usine possède une utilisation wire-to-water de 183 kWh/ML (705 kWh/Mg) traitée, en comparaison avec une moyenne nationale de 370 kWh/ML (1400 kWh/Mg) (tout type d'usine), une moyenne de l'État de New York de 214 kWh/ML (810 kWh/Mg) (tout type d'usine) et une moyenne entre 214 et 216 kWh/ML (810 to 820 kWh/Mg) pour les usines d'eau souterraine/de surface.

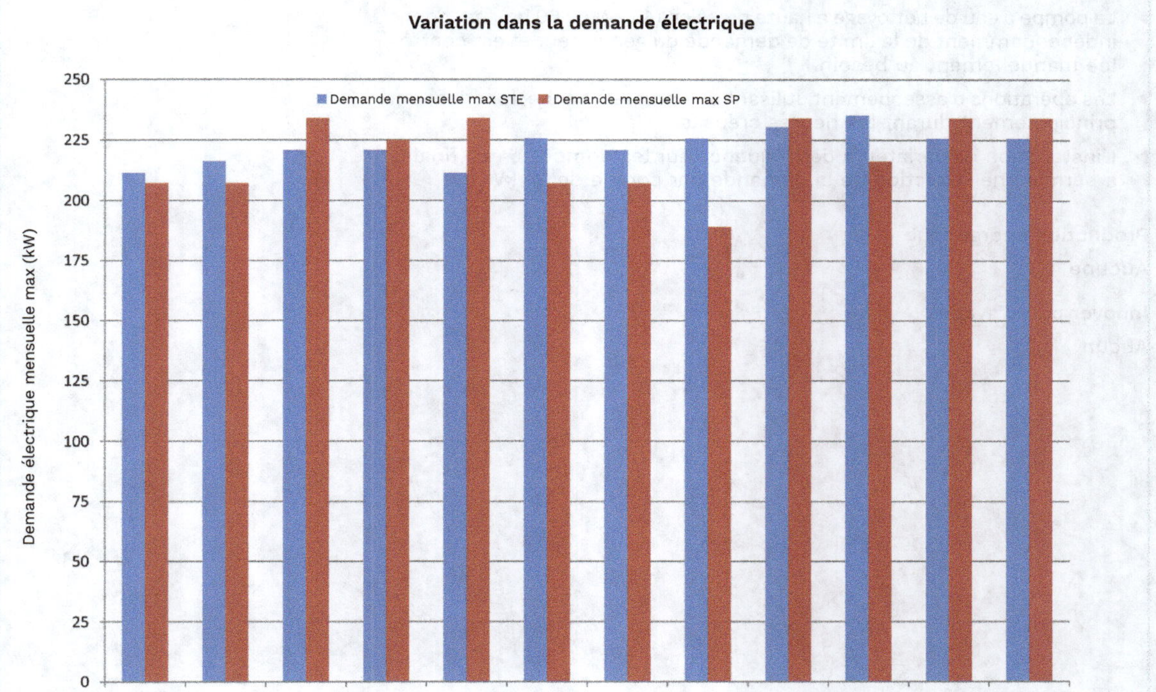

Relation entre les domaines du *Plan énergétique* **et les activités du service**

Gestion stratégique

- Programme continu pour identifier et réparer les fuites réduit les coûts de pompage.
- Les moteurs des pompes de puits ont été identifiés comme surdimensionnés ; les moteurs ont été remplacés avec des moteurs de taille plus appropriée.

Culture organisationnelle

- Opérateurs formés et requis d'enregistrer la demande de l'usine sur une base horaire ; le personnel est formé à exploiter les équipements et à gérer les charges de demande combinées afin de minimiser la variabilité de la demande. Cet effort a aussi abouti à l'attribution par le service électrique d'une « réduction pour facteur élevé de charge » grâce à l'atteinte d'un facteur général de charge de plus de 67%.
- Moteurs standards ont été remplacés par des moteurs à rendement supérieur.
- Variateurs de fréquence ont été installés sur de nombreuses pompes.
- Mise en place réussie de pratiques et formations d'opérateurs.
- La formation des opérateurs sur l'effet d'une demande variable aide à maintenir la demande générale sous contrôle, ce qui minimise les frais de demande.

Communication et diffusion

Aucune

Gestion de la demande

- Certaines activités sont limitées aux périodes d'heures creuses : 29 ML (7,7 Mg) de stockage sont remplis. Les filtres sont rétrolavés. Pompage des solides depuis les clarificateurs.
- L'usine participe au programme de déplacement des charges électriques du service pour basculer les charges électriques vers le générateur diésel de 1000 kW durant les périodes de demande en heures de pointe.
- La pompe à eau de nettoyage à haute pression (45 kW ou 60 hp) fonctionne indépendamment de la limite de demande du générateur et est contrôlée manuellement au besoin.
- Les opérations d'assèchement,utilisant une presse à bande, fonctionnent principalement durant les heures creuses.
- L'installation de variateurs de fréquence sur les pompes à eau finales a permis une réduction de la demande par pompe de 20 kW.

Production énergétique

Aucune

Innover pour l'avenir

Aucun

Leçons apprises au cours de la mise en place du programme énergétique

L'éducation des opérateurs est essentielle. La compagnie des eaux forme les employés sur la façon de lire la facture électrique et minimiser les frais de demande. Des récompenses sont offertes pour maintenir la demande dans une certaine gamme ; le directeur général adjoint rapporte que les opérateurs ne veulent pas être responsables d'une plus grande demande. Cette formation permet aux opérateurs de prendre des décisions sages sur les périodes pendant lesquelles faire fonctionner les équipements, surtout ceux qui fonctionnent ponctuellement ou qui ne sont typiquement pas utilisés. Par exemple, les pompes à eau ne sont pas utilisées quand les pompes de rétrolavage fonctionnent. Par conséquent, l'usine a toujours maintenu une demande électrique générale dans une gamme étroite.

De plus, le service identifie et met en place de façon proactive des équipements énergétiquement efficaces grâce au programme de gestion des actifs, en installant des moteurs et équipements énergétiquement efficaces et à la bonne taille.

L'usine participe également au programme compensatoire de la demande électrique du service, qui offre des réductions pour avoir accepté de basculer les charges de l'usine durant les heures de pointe vers le réseau électrique régional.

Station d’épuration régionale de Kent County

Milford, Delaware

AGENCE	Station d'épuration régionale de Kent County (STEPRKC)
LIEU	139 Milford Neck Rd., Milford, DE 19963
CONTACT CHAMPION ÉNERGIE	Jim Newton, P.E., BCEE, Directeur des programmes environnementaux 302-335-6000 ; james.newton@co.kent.de.us

Débit annuel moyen

61,7 ML/j (16,3 Mg/j)

Utilisation énergétique annuelle moyenne du service (MW)

1,1

Production annuelle moyenne d'énergies renouvelables du service (MW)

0,2

Production annuelle moyenne d'énergies non renouvelables du service (MW)

0

Intensité énergétique

Traitement des eaux usées :
430 kWh/ML (1620 kWh/Mg)

TYPE DE TRAITEMENT

- ☐ **Primaire**
- ☑ **Secondaire**
- ☑ **Élimination des nutriments**

TYPE DE SOURCE(S) D'ÉNERGIE RENOUVELABLE

- ☐ **Biogaz (boues municipales)**
- ☐ **Biogaz (déchets transportés)**
- ☑ **Solaire**
- ☐ **Éolienne**
- ☐ **Géothermique**
- ☑ **Autre : Pompe thermique utilisant des eaux usées**

Aperçu du service

La STEPRKC est une StaRRE, grande et moderne, qui utilise le système Parkson Biolac comme opération d'élimination biologique des nutriments.

Elle sert toutes les communautés de Kent County, Delaware, et plusieurs communautés dans les comtés de New Castle et Sussex. Le système de collecte inclut plus de 90 stations de pompage et relèvement, et plus de 800 km (500 mi) de lignes d'égout. L'usine utilise un procédé innovant de désinfection UV basé sur des micro-ondes. Les biosolides sont traités dans un filtre à presse avec une stabilisation à la chaux, et sont ensuite échés indirectement dans des fours ou séchés au soleil (environ 20%) dans des serres qui utilisent le système Parkson Thermo. Les biosolides qui sont séchés dans un four sont épandus dans des fermes locales, alors que les biosolides séchés au soleil sont soit ajoutés aux biosolides séchés dans un four soit étudiés afin d'être utilisé en tant que substitut de pastilles de bois utilisées dans les fours à bois des clients. Le procédé de séchage solaire utilise un système solaire d'eau chaude qui chauffe le socle de béton des serres. Le bâtiment administratif de l'usine est chauffé et climatisé en utilisant un échangeur de chaleur situé dans le courant de rejet des eaux usées qui utilise un type de procédé quasiment géothermique.

Objectif énergétique

25% d'électricité renouvelable d'ici 2015 ; 30% de réduction de gaz naturel utilisé pour le traitement des biosolides.

Progrès vers l'objectif

Actuellement, 15% en énergies renouvelables ; 8% de réduction de gaz naturel.

Aperçu du programme énergétique

Le programme énergétique était un résultat direct des objectifs et cibles définis dans le système de gestion de la durabilité (SGD) de l'usine, qui est certifié ISO 14001 et utilise le cadre *The Natural Step* comme modèle.

Relation entre les domaines du ***Plan énergétique*** **et les activités du service**

Gestion stratégique

- L'usine à un SGD qui a été certifié ISO 14001, OHSAS 18001 et norme de système de gestion environnementale du National Biosolid Partnership (NBP) depuis 2006.
- La prise de décision par rapport aux projets d'investissement considère les économies d'énergie.
- Un inventaire des gaz à effet de serre entre 2008 et 2011 est utilisé pour cibler les réductions d'utilisation énergétique et chimique.

Culture organisationnelle

- Toutes les parties intéressées sont tenues au courant des résultats du SGD.
- Un organe consultatif quasi gouvernemental (Conseil consultatif des égouts - Sewer Advisory Board, SAB) est le mécanisme principal pour les expansions d'égout et pour la direction du programme SGD.
- Le SGD est gouverné par une équipe centrale qui définit les objectifs, cibles et budgets, et qui évalue périodiquement les progrès pour s'assurer que le SGD s'améliore continuellement.
- Tous les employés reçoivent une formation annuelle sur le SGD et les progrès vers les objectifs.

Communication et diffusion

- La STEPRKC a gagné un certain nombre de prix régionaux et nationaux pour ses activités, surtout celles en lien avec son programme SGD.
- Le gouverneur, les membres du congrès et les employés régionaux de l'agence américaine de protection de l'environnement (U.S. EPA) ont visité l'usine et fait la promotion de ses succès.
- Le SAB est utilisé comme interface client pour toutes les activités.
- Les régulateurs de l'État et les officiers locaux sont des membres du SAB.
- L'usine offre des visites guidées à des groupes régionaux et nationaux, et a récemment accueilli plus de 300 étudiants d'école intermédiaire, étudiant les sciences et ressources aquatiques.
- La conférence de 2010 de la *Water Environment Federation* (WEF) sur les résidus et biosolides incluait la visite des nouveaux sécheurs solaires.
- Des employés occupent des positions de direction à NBP et WEF.

Gestion de la demande

- La STEPRKC utilise le site internet Energy Star de l'U.S. EPA pour entrer sa consommation énergétique et analyser les efforts pour la réduire.
- L'usine participe à un programme de réponse à la demande qui autorise l'usine à réduire la demande sur le réseau local durant les heures de pointe en faisant fonctionner ses générateurs d'urgence.
- Une nouvelle étude est en cours pour remplacer les cinq diffuseurs actuels de 373 kW (500 hp) par une combinaison de diffuseurs afin de réduire significativement la demande électrique.
- L'usine a déjà réduit la demande des diffuseurs de 15% en surveillant à distance l'oxygène dissous dans le bassin et en contrôlant le fonctionnement du diffuseur grâce à ce retour.
- L'usine a un programme actif de prétraitement industriel qui a gagné plusieurs prix de l'U.S. EPA.

Production énergétique

- La STEPRKC utilise le cadre The Natural Step comme moyen d'agir sur les activités durables.
- L'usine possède une ferme solaire photovoltaïque de 1,2 MW et un système solaire de séchage des biosolides, et elle utilise la chaleur des eaux usées pour le contrôle de la température dans les bâtiments administratifs.
- Les employés surveillent les ressources éoliennes depuis 8 ans pour déterminer la viabilité de l'énergie éolienne, avec 5 ans de données d'altitude multiple.
- L'usine a développé un concept de parc d'énergies renouvelables qui a fourni de l'énergie éolienne, solaire et hydroélectrique, et de la production énergétique à partir de biomasse.
- Les ressources hydroélectriques et éoliennes se sont révélées insuffisantes pour être rentables avec les technologies actuelles.
- La production énergétique à partir de biomasse requiert la construction de digesteurs anaérobies, qui ont actuellement un coût rédhibitoire pour l'usine.

Innover pour l'avenir

- La STEPRKC a offert à l'université de l'État de Pennsylvanie de collaborer sur leur procédé de piles à combustible microbiennes en menant des études pilotes.
- L'usine travaille à développer un nouveau concept pour l'utilisation des biosolides en examinant la viabilité de sécher au soleil les biosolides pour les transformer en pastilles qui pourraient substituer les pastilles de bois dans les fours à bois des consommateurs. Le concept est en cours de test en 2013.
- Avec le recul de l'acceptation des épandages de biosolides, des alternatives à l'épandage deviennent de plus en plus cruciales.

Leçons apprises au cours de la mise en place du programme énergétique

- Le chauffage des sols dans les sécheurs à biosolides n'est pas aussi efficace que ce que serait le chauffage de l'air dans les sécheurs. Tous les futurs sécheurs solaires utiliseraient le chauffage de l'air au lieu d'un système de chauffage au sol.
- La ferme solaire photovoltaïque n'est pas suffisamment grande pour générer efficacement toute l'électricité nécessaire pour faire fonctionner l'usine. À l'avenir, un doublement du système permettrait d'atteindre cet objectif en mettant en réserve suffisamment pour compenser les périodes de nuit et avec des nuages.

District de récupération des eaux usées Metro

Denver, Colorado

METRO WASTEWATER RECLAMATION DISTRICT

AGENCE	District de récupération des eaux usées Metro
LIEU	Denver, Colorado
CONTACT	Wendy Anderson, P.E., Ingénieur de procédés 303-286-3451; WAnderson@mwrd.dst.co.us
CONTACT CHAMPION ÉNERGIE	Steve Rogowski, P.E., Directeur des opérations et de la maintenance

Débit annuel moyen

530 ML/j (140 Mg/j)

Utilisation énergétique annuelle moyenne du service (MW)

9,4

Production annuelle moyenne d'énergies renouvelables du service (MW)

3,9

Production annuelle moyenne d'énergies non renouvelables du service (MW)

0

Intensité énergétique

Traitement des eaux usées :
426 kWh/ML (1610 kWh/Mg)

TYPE DE TRAITEMENT

- [x] **Primaire**
- [x] **Secondaire**
- [x] **Élimination des nutriments**

TYPE DE SOURCE(S) D'ÉNERGIE RENOUVELABLE

- [x] **Biogaz (boues municipales)**
- [ ] **Biogaz (déchets transportés)**
- [x] **Solaire**
- [ ] **Éolienne**
- [ ] **Géothermique**
- [ ] **Autre : Pompe thermique utilisant des eaux usées**

Aperçu du service

Le district de récupération des eaux usées sert 1,8 millions de personnes dans la zone métropolitaine de Denver et est géré par un conseil d'administration représentant ses 59 connecteurs municipaux. L'usine rejette dans la rivière Platte recevant beaucoup d'effluents, ce qui nécessite que la StaRRE élimine de façon substantielle l'ammoniaque, l'azote et le phosphore.

Objectif énergétique

Le District n'a pas actuellement un objectif énoncé.

Progrès vers l'objectif

Actuellement, 15% d'énergies renouvelables; 8% de réduction en gaz naturel

Aperçu du programme énergétique

Dans les 3 dernières années, l'accent a été mis sur le ciblage et la réduction de la consommation énergétique pour les procédés de traitement des eaux usées. Ceci s'est simplement matérialisé en étant conscient d'éliminer les chaines de traitement inutiles au service, jusqu'à mettre en place un ajustement dynamique de la consigne d'oxygène dissous par la stratégie de contrôle d'aération basée sur l'ammoniaque.

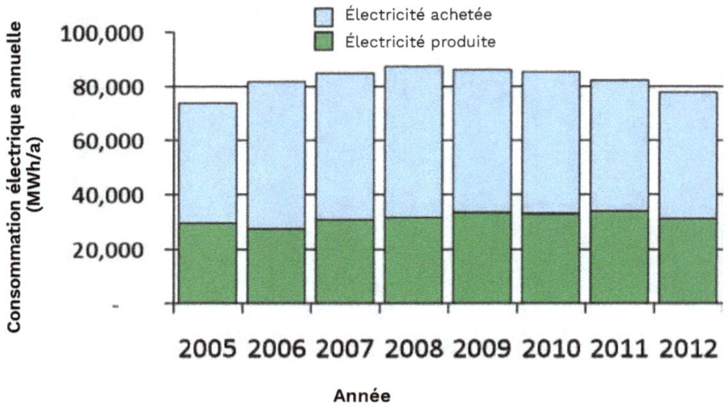

Relation entre les domaines du *Plan énergétique* et les activités du service

Gestion stratégique

- Gestion énergétique rentable et cohérente avec les objectifs du district.

Culture organisationnelle

- La valeur de la gestion énergétique est largement reconnue au sein du district. Le district a installé sa première génération d'usines de co-production il y a plus de 20 ans, quand les taux de services étaient encore relativement bas.
- Le district utilise une amélioration continue dans le programme énergétique.
- Une caractéristique organisationnelle fondamentale aux succès du programme du district est son groupe de services techniques. Ces employés ingénieurs sont intégrés au groupe des opérations et de la maintenance, s'impliquent dans les activités quotidiennes et soutiennent les initiatives de co-production et réduction de la demande.

Communication et diffusion

- Participation aux initiatives d'efficacité de procédé de *Xcel Energy* et aux initiatives de conservation énergétique de l'U.S. EPA.

Gestion de la demande

- Avec plus de 50% de la charge des moteurs connectés associés à l'aération, les opérateurs prennent des décisions de contrôle des procédés avec l'énergie d'aération en tête.
- Les procédures standard impliquant de gros moteurs limitent le démarrage aux matins (i.e. périodes à faible débit) quand il est peu probable que les pics de demande soient définis.
- Une utilisation accrue des panneaux électriques permet à la surveillance en temps réel de devenir une routine normale dans les opérations quotidiennes. Une culture basée sur la performance encourage le personnel des opérations d'arrêter des unités quand c'est possible.
- Le district conduit des analyses mensuelles rigoureuses et a une très bonne compréhension de la facturation du service.

Production énergétique

- Un contrat avec un service externe est maintenu pour l'opération et la maintenance de l'infrastructure de chaleur et énergie combinées du district.
- Des nominations (cibles) d'été et d'hiver sont développées pour des sorties de co-production.
- Le district mène des essais de co-digestion à des fins d'évaluation.

Innover pour l'avenir

- Évaluation de la désammonification secondaire (i.e. Anammox) pour, entre autres, sa réduction dans les requis énergétiques.

Leçons apprises au cours de la mise en place du programme énergétique

Les marchés et coûts énergétiques sont dynamiques et des problèmes, tels que les tarifs, initiatives d'électeurs, objectifs de durabilité, régulations et technologies, peuvent influencer la prise de décision du service.

Commission de Narragansett Bay

Providence, Rhode Island

AGENCE	Commission de Narragansett Bay — Usines de traitement de Fields Point et Bucklin Point
LIEU	2 Ernest Street, Providence, RI 02905
CONTACT CHAMPION ÉNERGIE	Thomas Uva, Directeur des politiques, Planification & Régulations. Pour plus d'information, veuillez contacter Jim McCaughey, Directeur de l'assistance environnementale, sécuritaire & technique ; 401-461-8848, ext. 352 ; jmccaughey@narrabay.com

FIELDS POINT

Débit annuel moyen

151 ML/j (40 Mg/j) en 2012

Utilisation énergétique annuelle moyenne du service (MW)

1,4

Production annuelle moyenne d'énergies renouvelables du service (MW)

0,81 (2013—prévu)

Production annuelle moyenne d'énergies non renouvelables du service (MW)

0

Intensité énergétique

220 kWh/ML (840 kWh/Mg)

TYPE DE TRAITEMENT

- [x] **Primaire**
- [x] **Secondaire**
- [x] **Élimination des nutriments**

TYPE DE SOURCE(S) D'ÉNERGIE RENOUVELABLE

- [ ] **Biogaz (boues municipales)**
- [ ] **Biogaz (déchets transportés)**
- [ ] **Solaire**
- [x] **Éolienne**
- [ ] **Géothermique**
- [ ] **Autre : Pompe thermique utilisant des eaux usées**

BUCKLIN POINT

Débit annuel moyen

67 ML/j (18 Mg/j) en 2012

Utilisation énergétique annuelle moyenne du service (MW)

1,5

Production annuelle moyenne d'énergies renouvelables du service (MW)

0,30

Production annuelle moyenne d'énergies non renouvelables du service (MW)

0

Intensité énergétique

540 kWh/ML (2000 kWh/Mg)

TYPE DE TRAITEMENT

- [x] **Primaire**
- [x] **Secondaire**
- [x] **Élimination des nutriments**

TYPE DE SOURCE(S) D'ÉNERGIE RENOUVELABLE

- [x] **Biogaz (boues municipales)**
- [ ] **Biogaz (déchets transportés)**
- [ ] **Solaire**
- [x] **Éolienne**
- [ ] **Géothermique**
- [ ] **Autre : Pompe thermique utilisant des eaux usées**

Aperçu du service

La commission de Narragansett Bay est une entreprise publique à but non lucratif formée en 1981 afin d'être propriétaire et exploiter la station d'épuration de Fields Point. La commission de Narragansett Bay possède et exploite également la station d'épuration de Bucklin Point qui a été acquise en 1993. Les usines offrent des services de collecte et traitement des eaux usées à 10 villes et villages. L'incinération des boues sur place s'est arrêtée à Fields Point en 2005 quand les boues ont commencé à être gérées comme amendement du sol et que l'incinération s'est faite à l'extérieur. L'exploitation d'un tunnel de stockage d'égouts unitaires a commencé en 2008 pour réduire les débordements par temps de pluie qui entrent dans Narragansett Bay.

Fields Point sera le système le plus grand de lit fixe intégré de boues activées, réduisant la concentration totale d'azote à 5 mg/L au début 2014.

Objectif énergétique

D'ici 2015, dériver une portion significative de la consommation électrique (i.e. un tiers) utilisant des ressources renouvelables sur site et exploiter l'usine avec une meilleure efficacité (i.e. en haut du 25e percentile).

Progrès vers l'objectif

Fields Point

L'efficacité était en haut du 28e percentile en 2012 et les éoliennes ont commencé leur production complète en 2013 ; il est attendu que les éoliennes fournissent plus du tiers de la demande sur site.

Bucklin Point

50% du chemin vers l'objectif.

Aperçu du programme énergétique

Un système de gestion environnementale focalisé sur l'énergie est utilisé pour aider à contrôler la croissance des coûts énergétiques et gérer l'empreinte carbone. L'utilisation, l'efficacité et les économies énergétiques, ainsi que les progrès vers les objectifs, sont évaluées au moins chaque année. Un objectif général est de s'assurer que l'efficacité est considérée lors des plans pour l'avenir et que des opportunités d'amélioration sont régulièrement évaluées. Un objectif à court terme est d'atteindre des efficacités opérationnelles en énergie qui sont au-dessus de la moyenne et supérieures à long terme, telles que déterminées en utilisant le gestionnaire de portefeuille de l'U.S. EPA.

Le potentiel d'utilisation des ressources d'énergie renouvelable a été évalué pour chaque usine et hiérarchisé selon la faisabilité. Les éoliennes ont été installées en 2012 à Fields Point et la production d'autres énergies renouvelables est en train d'être étudiée et conçue à l'usine de Bucklin Point.

CRÉDIT PHOTO

Peter Goldberg
pour la commission de Narragansett Bay

Relation entre les domaines du *Plan énergétique* **et les activités du service**

Gestion stratégique

Direction stratégique

- Comparer la consommation énergétique normalisée sur une base générale et au niveau du procédé, quand cela est possible.
- Définition des objectifs selon la notation du gestionnaire de portefeuille de l'U.S. EPA et la production sur site d'énergie renouvelable.
- Plan stratégique à l'échelle de l'agence pour diriger une gestion basée sur la performance.
- Le programme énergétique utilise un processus de planifier / faire / vérifier / adapter similaire au système de gestion environnementale ISO 14000.
- Utiliser le raisonnement du triple résultat (durabilité) dans la prise de décision.
- Rôle actif d'éducation des législateurs de l'État et recrutement d'un agent de liaison législatif à temps plein.

Viabilité financière

- La faisabilité économique est basée sur l'analyse de cycle de vie qui évalue le retour sur investissement et pas uniquement une période de retour.
- Des demandes d'offre sur des projets, crédits d'énergie renouvelable et contrats de réaction à la demande sont basées sur la maximisation du retour sur investissement ou des revenus pour l'agence.

Partenariats

- Partenariats établis dans Rhode Island (Fonds pour les énergies renouvelables, Bureau des ressources énergétiques et Assemblée générale) pour l'éducation et la revendication.

Vers une neutralité carbone

- Compte annuel de toutes les contributions significatives à l'empreinte carbone pour les deux usines, incluant les émissions diffuses.
- Crédits carbones considérés lors de l'évaluation des options de gestion des biosolides.

Culture organisationnelle

Vision énergétique

- Le directeur de division et champion énergie de la commission de Narragansett Bay, Thomas Uva, a développé la vision de la commission d'exploiter une StaRRE très efficace afin d'être éligible à recevoir un prix Energy Star de l'U.S. EPA (quand disponible) et d'utiliser de l'énergie renouvelable provenant du premier parc éolien de Rhode Island afin de devenir un exportateur d'énergie net.

Équipe énergie

- Les employés clés travaillent ensemble au sein d'une équipe énergie multidisciplinaire.
- L'équipe énergie fait le suivi de la consommation, efficacité et économie en énergie et des progrès vers les objectifs établis, et rapporte les résultats au moins tous les ans à la direction et au personnel.

Communication et diffusion

Clients et communauté

- Enquête proactive auprès de 300 voisins sur le projet proposé d'éoliennes (Fields Point).
- Collaboration avec les restaurants pour promouvoir les meilleures pratiques de gestion énergétique des matières grasses, huiles et graisse.

Réglementaire et législatif

- L'implication précoce des acteurs clés est inestimable pour se conformer aux règlements existants de construction, identifier les restrictions d'émissions atmosphériques et obtenir le soutien du public.
- Le personnel revendique au niveau de l'État afin d'obtenir des incitations financières pour de l'énergie renouvelable et des lignes directrices de site raisonnables.

Diffusion médiatique

- Développement d'un kit médiatique de grande qualité (vidéo, photos et site internet).
- Le personnel des relations publiques travaille sur la communication avec les médias.
- Visites guidées régulières.

Gestion de la demande

Coûts électriques et facturation

- Les factures du service sont évaluées et suivies.
- Les membres de l'équipe énergie éduquent les autres sur la compréhension des factures énergétiques.
- Réponse et restriction à la demande en utilisant des générateurs d'urgence (depuis 2007).

Mesure et contrôle de l'énergie

- La consommation énergétique générale et au niveau des procédés est suivie et comparée à des données de base et indicateurs de référence qui ont été déterminés.
- Compteurs divisionnaires et contrôle en temps réel en place pour l'utilisation électrique totale et l'utilisation par opération significative de procédé.

Gestion énergétique

- Évaluations et audits énergétiques menés au moins une fois par an.
- Économies d'énergie conçues au sein des projets d'investissement.
- Arrêt des équipements non essentiels considéré pour de courtes périodes de temps quand la demande maximale s'approche d'un certain seuil.

Contrôle à la source

- Objectif établi pour distribuer la charge quotidienne en centrât vers les procédés d'élimination biologique des nutriments (EBN).
- Programme en continu d'infiltration et d'affluent.

Production énergétique

Stratégie

- Objectif à court terme d'avoir la production d'énergie renouvelable composée d'un tiers de la consommation sur site d'ici 2015.

Énergie à partir de l'eau et des eaux usées

- Les sources renouvelables prioritaires sont le solaire, l'énergie éolienne, le biogaz et l'hydroélectricité.
- Le biogaz est produit et utilisé pour chauffer afin de compenser les coûts en gaz naturel (Bucklin Point).
- Les possibilités d'utilisation de la chaleur perdue issue du biogaz durant l'été sont en cours d'examen.
- Optimisation de la production de biogaz en alimentant les digesteurs à un taux plus fréquent et constant.
- Le mélange des digesteurs est maintenu à un niveau adéquat et le dessablage des digesteurs est programmé.
- L'épaississement des boues primaires a été amélioré en utilisant un variateur de fréquence pour les pompes à boues.
- L'épaississement des boues activées résiduelles a été amélioré en remplaçant un ancien système de flottation d'air dissous par une nouvelle presse à bande.

Sources énergétiques supplémentaires

- Évaluation de la co-digestion de déchets supplémentaires (Bucklin Point).
- Acceptation du glycol fluide issu du dégivrage des aéroports voisins en considération.
- Une étude sur la conception et les paramètres actuels d'opération des systèmes existants de digestion anaérobie a révélé que le taux de charge des solides volatiles dans l'affluent était déjà à sa valeur de conception et sa proximité avec le taux de charge maximal autorisé laisse peu d'options pour la co-digestion.
- Un projet de démonstration a été considéré, qui utiliserait un seul digesteur acceptant les déchets de lisier de produits alimentaires. Cependant, il n'existe aucun moyen d'utiliser de façon économique la chaleur additionnelle résultant des déchets supplémentaires. Nettoyage du biogaz en excès afin d'être introduit dans la ligne de gaz du service en considération.
- Il a été trouvé que les déchets alimentaires préfabriqués contiennent de l'azote qui peut augmenter la concentration d'azote total dans l'effluent final s'il est émis dans le digesteur.
- Les options de co-digestion peuvent possiblement être revues lorsque le nouveau procédé amélioré d'EBN démontre qu'il peut atteindre la nouvelle limite d'azote total.

Certificats d'énergie renouvelable

- Les éoliennes sont certifiées productrices de classe 1 de crédits d'énergie renouvelable à Rhode Island et dans le Massachusetts.
- Les membres de l'équipe énergie du groupe financier de la commission sont responsables de sécuriser la valeur maximale des crédits d'énergie renouvelable.

Innover pour l'avenir

Recherche et développement

- Le personnel se tient informé des méthodes émergentes ou innovantes pour réduire l'empreinte carbone.
- Recherche de subventions ou autres sources de financement pour réduire les risques liés aux opportunités émergentes.
- Un laboratoire de pointe offre des analyses clés pour plus de recherche en interne.

Gestion des risques

- Travail en collaboration pour développer une procédure/politique interne de gestion des risques liés au danger de la glace projetée par les éoliennes.
- Bucklin Point continuera de travailler à évaluer des moyens de minimiser les risques associés à la surcharge des digesteurs avec des solides volatils. Après 2013, l'usine peut continuer d'explorer des moyens de stimuler la production de biogaz avec un minimum d'effet de l'azote.

Technologies alternatives

- Les avancées en technologies émergentes capables de réduire l'empreinte carbone sont suivies de près, telles que la recherche en piles à combustible microbiennes, le piégeage du dioxyde de carbone, les traitements secondaires, la bioaugmentation pour réduire le carbone supplémentaire, l'oxydation anaérobie de l'ammoniaque, la fermentation des boues primaires et la digestion améliorée des boues activées résiduelles.
- L'historique de la commission illustre une volonté d'héberger des projets de démonstration qui font avancer les technologies avantageuses et réduisent les risques, par exemple, en menant des tests pilotes sur l'utilisation des zones humides pour le traitement des eaux usées et en installant des technologies vertes de développement à faible impact dans son nouveau bâtiment administratif.
- Discussion sur une usine régionale de digestion anaérobie avec des développeurs intéressés.

Approches alternatives de gestion

- L'usine de Fields Point atteindra une limite d'azote total de 5 mg/L dès 2014 avec le plus grand procédé de boues activées à lit fixe.
- Des turbosoufflantes très efficaces ont été installées pour répondre à la demande accrue d'air et l'élimination des solides primaires a été augmentée.
- La commission continue d'utiliser son propre personnel pour analyser la qualité de l'eau reçue et effectuer des améliorations à l'échelle du bassin versant.
- Approches de traitement décentralisé des eaux de pluie en considération.
- La commission incite les régulateurs de Rhode Island à considérer des approches justes de gestion du bassin versant par rapport à l'élimination de l'azote en utilisant une approche de limite quotidienne totale maximale.

Leçons apprises au cours de la mise en place du programme énergétique

Un plan stratégique et une déclaration de mission officielle sont nécessaires à la gestion énergétique et au maintien d'un rôle de leadership. De plus, une équipe énergie efficace a aidé à surmonter les défis et a facilité les progrès vers les objectifs.

Un système de gestion environnementale focalisé sur l'énergie considère aussi bien l'économie que l'environnement. Ce système soutient la mission de la commission d'offrir des services sécuritaires et fiables à un prix raisonnable et aide à stabiliser l'augmentation future des taux tout en stimulant l'économie locale.

District métropolitain des eaux usées de Madison

Madison, Wisconsin

AGENCE	District métropolitain des eaux usées de Madison
LIEU	Madison, Wisconsin
CONTACT CHAMPION ÉNERGIE	Alan Grooms, Ingénieur de Procédé & Recherche 608-222-1201, ext. 253 ; alang@madsewer.org

Débit annuel moyen

151 ML/j (40 Mg/j)

Utilisation énergétique annuelle moyenne du service (MW)

2,9

Production annuelle moyenne d'énergies renouvelables du service (MW)

0,6

Production annuelle moyenne d'énergies non renouvelables du service (MW)

0,2

Intensité énergétique

Traitement des eaux usées (incluant pompage) :
460 kWh/ML (1740 kWh/Mg)

TYPE DE TRAITEMENT

- [ ] **Primaire**
- [x] **Secondaire**
- [x] **Élimination des nutriments**

TYPE DE SOURCE(S) D'ÉNERGIE RENOUVELABLE

- [x] **Biogaz (boues municipales)**
- [ ] **Biogaz (déchets transportés)**
- [ ] **Solaire**
- [ ] **Éolienne**
- [ ] **Géothermique**
- [ ] **Autre : Pompe thermique utilisant des eaux usées**

Aperçu du service

STATUT DU PROGRAMME ÉNERGÉTIQUE

À la station d'épuration de Nine Springs, le district métropolitain des eaux usées de Madison récupère et utilise le biogaz issu de la digestion anaérobie depuis les années 1930. Actuellement, Nine Springs utilise tout le biogaz produit afin d'alimenter deux générateurs à induction utilisés pour la production d'électricité et le chauffage, une machine à biogaz fournissant l'énergie d'un compresseur d'air et une chaudière à eau chaude.

L'eau chauffée dans les chaudières et la chaleur perdue issue du refroidissement du moteur et de la récupération de chaleur évacuée sont utilisées pour chauffer les digesteurs, mais aussi fournir le chauffage et une partie de la climatisation des bâtiments (grâce à un système de refroidissement par adsorption).

PLANS / INTENTION POUR LE PROGRAMME ÉNERGÉTIQUE

Au final, l'objectif pour le district est d'atteindre une indépendance énergétique pour les usines principales (Nine Springs, le système de collecte et de pompage, et le parc automobile). Un projet (Energy Baseline and Optimization Roadmap - Plan de référentiel et d'optimisation énergétiques) commence en janvier 2013 avec l'aide d'un consultant pour documenter l'état actuel des conditions énergétiques et créer un document de planification de haut niveau qui structurera et guidera les décisions à court et long termes, au fur et à mesure que l'indépendance énergétique est atteinte.

Objectif énergétique

Atteindre l'indépendance énergétique.

Progrès vers l'objectif

Environ 30 à 35%
(incluant récupération de chaleur)

1. **Niveau actuel d'importance et d'accomplissement dans les six domaines. Attribuer une valeur de 1 (le plus faible) à 5 (le plus élevé).**

DOMAINE	IMPORTANCE	ACCOMPLISSEMENT
Gestion stratégique	4	3
Culture organisationnelle	3	2
Communication et diffusion	3	1
Gestion de la demande	5	3
Production énergétique	4	3
Innover pour l'avenir	4	3

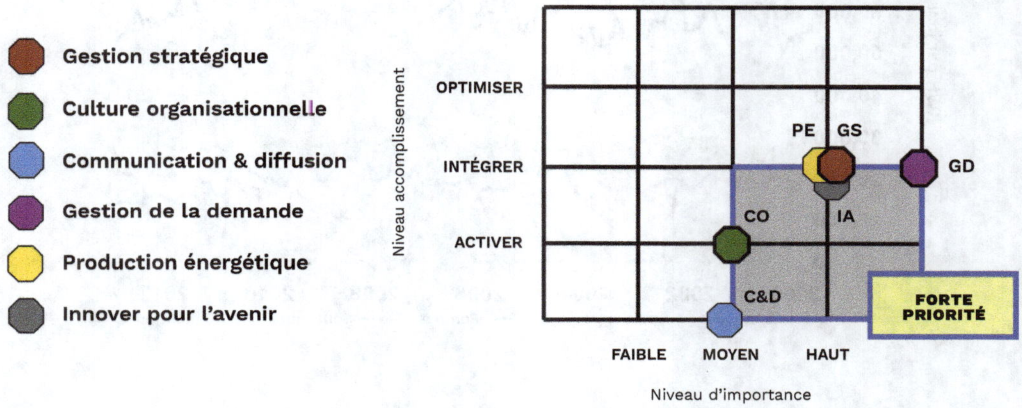

2. **Indiquer les domaines sur lesquels vous prévoyez de vous focaliser lorsque vous développez votre programme énergétique.**

Gestion de la demande
Gestion stratégique
Culture organisationnelle (dans cet ordre).

Il est anticipé que tous les domaines recevront de l'attention.

3. **Quelles idées du Plan énergétique ont été les plus utiles pour la mise en place dans votre service ?**

Probablement les considérations présentées dans les domaines de *Communication et diffusion* et *Culture organisationnelle*. Bien que nous sommes au courant de l'importance de ces domaines à un certain niveau, nous sommes d'accord qu'il est possible de faire davantage et que les idées présentées dans ces catégories alimenteront des personnalisations, pensées et innovations supplémentaires en fonction de notre situation spécifique.

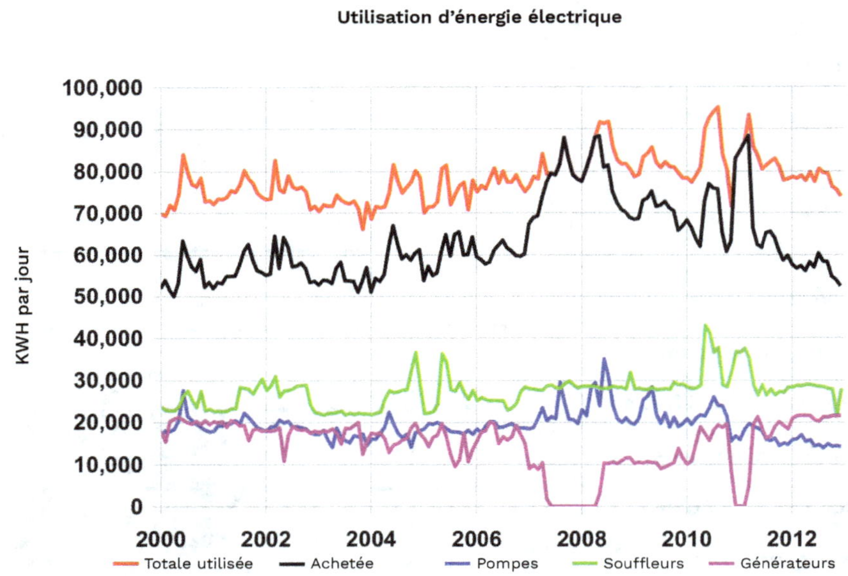

4. **Quelles idées du Plan énergétique étaient les plus surprenantes ?**

   Le degré d'importance accordé aux changements « doux », tels que dans Culture organisationnelle et Communication et diffusion. Bien que ces domaines aient du sens, ils ne sont pas souvent discutés comme domaines tangibles tels que Gestion de la demande ou Production énergétique. En effet, sans changement dans l'attitude, la culture et la communication, les meilleures idées n'obtiendront pas le soutien nécessaire.

5. **Décrire les mesures que vous avez prises pour développer votre programme énergétique et indiquer l'échelle de temps pour chacune.**

   Notre programme énergétique commence vraiment, seulement maintenant, mais les mesures prises à ce jour incluent (sans ordre particulier) : (1) accepter des suggestions de « remue-méninges » de n'importe qui au sein de l'organisation ; (2) augmenter la sensibilisation sur l'objectif final que nous établissons, mais aussi sur notre état actuel vis-à-vis de cet objectif ; (3) ouvrir une discussion sur les possibilités et défis pour que la relation entre chaque décision commence à être appréciée. Ces mesures offrent quelques idées pour la réduction de la demande et elles servent également à changer notre culture organisationnelle pour que nous commencions à apprécier le contexte général de ce que nous essayons d'atteindre.

6. **Décrire les résultats (ou résultats attendus) des mesures prises et de l'échelle de temps pour chacune.**

   Avec l'étude énergétique initiale et l'effort de documentation de données de base commençant seulement, nous anticipons d'en tirer une idée claire de notre état actuel afin que nous puissions mesurer nos progrès. Nous prévoyons également de continuer à changer d'un point de vue organisationnel avec nos attitudes et d'accorder plus d'attention sur la façon dont les décisions et mesures qui semblent mineures peuvent avoir un effet sur l'ensemble, de manière positive ou négative.

Station de récupération de l'eau de Truckee Meadows Sud

Reno, Nevada

AGENCE	Département des services communautaires de Washoe County
LIEU	Station de récupération de l'eau de Truckee Meadows Sud Facility
CONTACT CHAMPION ÉNERGIE	John Hulett, Ingénieur environnemental principal 775-954-4612 ; jhulett@washoecounty.us

Débit annuel moyen

13,1 ML/d (3,5 Mg/j)

Utilisation énergétique annuelle moyenne du service (MW)

Total	0,53
Relèvement	0,02
Usine	0,32
Réutilisation	0,19

Production annuelle moyenne d'énergies renouvelables du service (MW)

0

Production annuelle moyenne d'énergies non renouvelables du service (MW)

0

Intensité énergétique

Traitement des eaux usées (sans réutilisation) :
620 kWh/ML (2300 kWh/Mg)

Réutilisation :
350 kWh/ML (1320 kWh/Mg)

Total combiné :
970 kWh/ML (3620 kWh/Mg)

TYPE DE TRAITEMENT

- [x] **Primaire**
- [x] **Secondaire**
- [x] **Élimination des nutriments**

TYPE DE SOURCE(S) D'ÉNERGIE RENOUVELABLE

- [x] **Biogaz (boues municipales)**
- [ ] **Biogaz (déchets transportés)**
- [ ] **Solaire**
- [ ] **Éolienne**
- [ ] **Géothermique**
- [ ] **Autre : Pompe thermique utilisant des eaux usées**

Station d'épuration de Truckee Meadows Sud
Department of Water Resources
Resources Planning & Management Division
Washoe County
Nevada

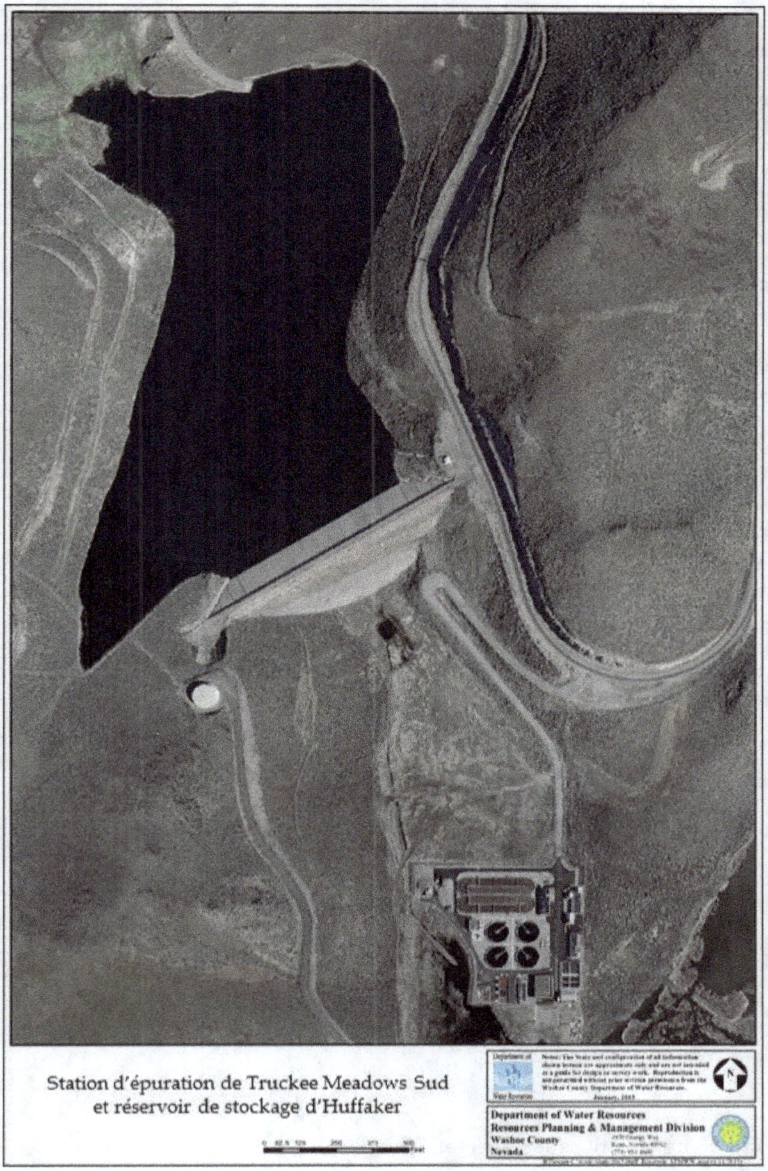

Station d'épuration de Truckee Meadows Sud
et réservoir de stockage d'Huffaker

Aperçu du service

Le département des ressources aquatiques de Washoe County exploite la station de récupération de l'eau de Truckee Meadows Sud. Truckee Meadows Sud est autorisé à traiter jusqu'à 17 ML/j (4,5 Mg/j), alors que les unités de procédés de désinfection par filtration et chlore sont dimensionnées pour 23 ML/j (6 Mg/j). Les débits d'affluent sont actuellement de 12 ML/j (3,2 Mg/j). La station atteint une nitrification/dénitrification partielle (typiquement moins de 7 mg/L d'azote total), avec un procédé étendu d'aération. L'effluent de Truckee Meadows Sud est entièrement utilisé pour l'irrigation de surface, avec aucun rejet vers une masse d'eau. Durant les périodes sans irrigation (de novembre à mars), l'effluent est stocké dans un réservoir de 4,9 mil. m3 (4000 acres-pieds).

Statut du programme énergétique

1. Intégration d'un système de contrôle et d'une gestion énergétique afin de modifier/façonner les charges pour réduire les coûts basés sur une structure de taux en fonction du temps d'utilisation.
2. Enquêtes énergétiques pour compiler les mesures d'utilisation énergétique de la station et hiérarchiser les zones permettant le plus d'économie.
3. Examiner plusieurs alternatives de procédé pour une production énergétique sur site, une réduction et un séchage des solides.
4. Objectifs de qualité de l'eau sur la station et de contrôle de procédé établi.
5. Initiation d'un plan d'évaluation et de test des équipements électriques, qui identifie les équipements ayant besoin d'être remplacés par des unités à haute efficacité ou des opérations possibles à fréquence variable.
6. Initiation d'un programme de modélisation d'unité de procédé avec le département de génie civil et environnemental de l'Université du Nevada.

Plans / intention pour le programme énergétique

Décrire la direction de votre programme énergétique, à court et à long terme, si connu.

La prochaine étape avec le programme énergétique est d'établir des objectifs de qualité d'effluent et d'eau réutilisée, et d'utiliser la modélisation pour déterminer comment équilibrer au mieux les objectifs énergétiques et de qualité d'eau. Le comté a subi des problèmes intermittents de qualité de l'eau dans le grand réservoir ouvert qui est utilisé pour stocker l'eau avant de la distribuer aux 250 clients de récupération. Le comté a récemment lancé un projet de modélisation pour mieux comprendre comment l'aération (utilisation énergétique) affecte la qualité de l'eau (nitrate et ammoniaque dans l'effluent).

Objectif énergétique

Des objectifs basés sur le coût par volume traité et l'utilisation énergétique par volume traité seront établis en juillet 2013.

Progrès vers l'objectif

Le département des services communautaires de Washoe County a récemment effectué une évaluation de la durabilité énergétique de Truckee Meadows Sud en utilisant *Le plan énergétique*. Bien que plusieurs éléments du plan sont des priorités du service, tels que ceux en lien avec *Gestion de la demande* et *Innover pour l'avenir*, certains éléments ont peu de chance d'être mis en place, tels que ceux en lien avec *Communication et diffusion*.

1. **Niveau actuel d'importance et d'accomplissement dans les six domaines. Attribuer une valeur de 1 (le plus faible) à 5 (le plus élevé).**

DOMAINE	IMPORTANCE	ACCOMPLISSEMENT
Gestion stratégique	3	2
Culture organisationnelle	4	2
Communication et diffusion	2	1
Gestion de la demande	5	4
Production énergétique	3	3
Innover pour l'avenir	5	4

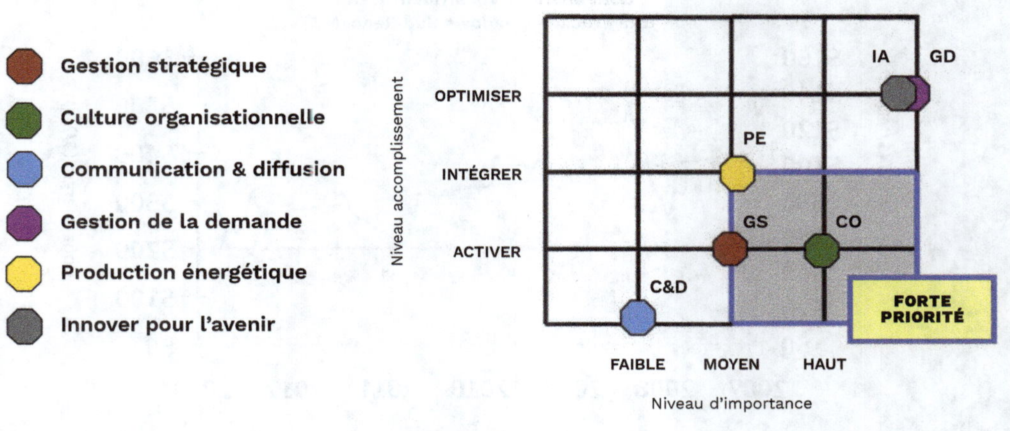

2. **Indiquer les domaines sur lesquels vous prévoyez de vous focaliser lorsque vous développez votre programme énergétique.**

L'accent initial sera sur la gestion stratégique

a. Identifier l'utilisation énergétique requiert d'atteindre de nouveaux objectifs internes de qualité de l'eau et de l'effluent traité.

b. Moderniser les équipements électriques de la station et le logiciel de contrôle des procédés.

c. Mettre en place plus fréquemment des tests, une surveillance et le remplacement d'équipements à forte consommation énergétique, tels que les panneaux diffuseurs à fines bulles.

3. **Quelles idées du Plan énergétique ont été les plus utiles pour la mise en place dans votre service ?**
    a. Création d'une « équipe énergie » pour rassembler notre personnel d'opérateurs, ingénieurs et directeurs.
    b. Élargissement de nos points de vue et amélioration de l'objectif de travail ; l'équipe a été assignée d'un vrai projet « énergétique » et pas simplement de quelque chose à regarder quand nous avons le temps d'évaluer les efficacités.
    c. Nous a aidés à hiérarchiser les projets d'amélioration immobilières — les échéanciers ont été avancés pour les projets qui se focalisent sur la gestion énergétique ou l'économie d'énergie (revenus).
    d. Nous a aidés à définir des objectifs de qualité de l'eau et d'utilisation énergétique.
    e. Valeur ajoutée (nouvelle dimension) lors de l'évaluation des changements de procédé ou de la sélection d'équipement.

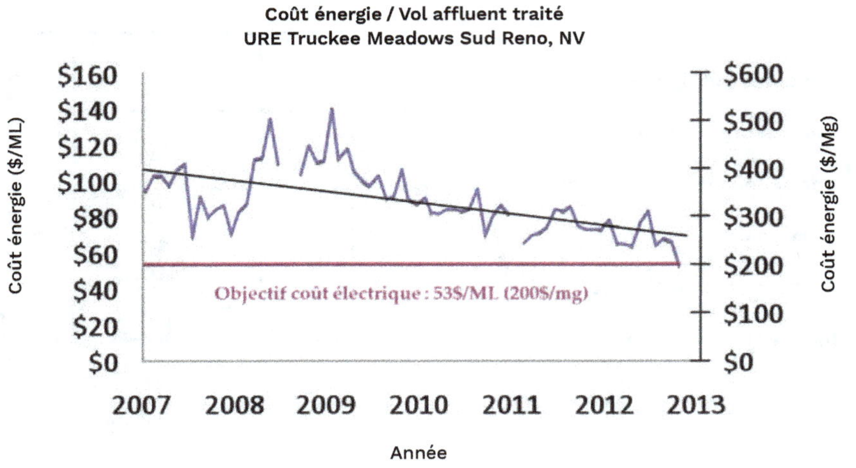

4. **Quelles idées du Plan énergétique étaient les plus surprenantes ?**
    a. Avoir le modèle de matrice nous a aidés à focaliser nos efforts pour voir que des étapes progressives étaient importantes.
    b. Il semble très clair que Le plan énergétique peut être extrêmement utile pour aider les services avec les étapes initiales d'un programme énergétique et relocaliser/raffiner les programmes établis.
    c. La réalisation que de nombreux services étaient loin derrière Washoe County dans leur pensée stratégique et culture organisationnelle, domaines dans lesquels nous nous étions donné les notes les plus basses.
    d. De même, établir des crédits carbone et crédits d'énergie renouvelable offre des opportunités futures (remarquer que la région a une petite quantité de crédits d'énergie renouvelable des usines de co-production de Truckee Meadows Sud).

5. **Décrire les mesures que vous avez prises pour développer votre programme énergétique et indiquer l'échelle de temps pour chacune.**

- Enquête énergétique — 12 mois pour observer une année complète d'exploitation de la station.
- Amélioration du système de contrôle — 12 mois pour une mise en place complète, incluant l'ajout d'un « tableau de bord énergétique » (en 6 mois).
- Établissement d'objectifs de qualité de l'eau (au-delà des valeurs permises) — premier mois. Nouvelles sondes à oxygène dissous et nitrates installées dans les bassins d'aération (fait).
- Modélisation de procédé développée pour aider à gérer les projets futurs d'amélioration énergétique et de qualité de l'eau (effectuée dans les 3 prochains mois).
- Plan développé pour le cycle de vie et l'efficacité de l'utilisation électrique / équipements électriques afin de développer un échéancier de gestion des biens/remplacement des équipements.
- Étude effectuée sur la gestion des solides pour évaluer des options de gestion énergétique / nutriments.

6. **Décrire les résultats (ou résultats attendus) des mesures prises et de l'échelle de temps pour chacune.**

   Basculer vers une structure de taux basée sur le temps d'utilisation a permis des économies significatives. Le projet de contrôle a également eu un effet significatif sur les coûts énergétiques récents (dans les 6 derniers mois). L'efficacité générale de la station s'est améliorée grâce à une stratégie d'optimisation du pompage (pompage des boues activées de retour et de l'effluent). Certaines des économies de coût sont aussi le résultat d'une légère diminution des taux facturés par le service électrique local.

La matrice du *plan énergétique* offre un cadre détaillé, qui présente différentes stratégies pour devenir durable énergétiquement ou relocaliser / raffiner les programmes énergétiques établis. Le comté a découvert que le cadre du *plan énergétique* offre un moyen de rassembler délibérément les opérateurs, ingénieurs et directeurs pour entreprendre un objectif commun, qui apportera une valeur incroyable à la station et aux clients du service.

section 10

Ressources additionnelles

GESTION STRATÉGIQUE

Base de données d'incitations de l'État et des services pour les énergies renouvelables et l'efficacité. http://www.dsireusa.org (Consulté en Déc 2012).

Association nationale des compagnies de service énergétique. http://www.naesco.org (Consulté en Déc 2012).

U.S. Environmental Protection Agency (2008) *Ensuring a Sustainable Future : An Energy Management Guidebook for Wastewater and Water Utilities* (Assurer un avenir durable : un guide de gestion énergétique pour les services d'eaux usées et d'eau). U.S. Environmental Protection Agency : Washington, D.C.

PRODUCTION ÉNERGÉTIQUE

Base de données d'incitations de l'État et des services pour les énergies renouvelables et l'efficacité. http://www.dsireusa.org (Consulté en Déc 2012).

Science Applications International Corporation (2006) *Water and Wastewater Industry Energy Best Practice Guidebook* (Guide des meilleures pratiques énergétiques pour l'industrie de l'eau et des eaux usées) ; Préparé pour l'État de Wisconsin ; Focus sur l'énergie : Madison, Wisconsin.

COMMUNICATIONS

U.S. Environmental Protection Agency, Programme de diffusion sur le méthane d'épandage, Kit de marketing & communication. http://www.epa.gov/lmop /partners/toolkit/ (Consulté en Jan 2013).

Utility Branding Network. *Building the Wastewater Utility Brand: Practical Advice for Increasing Trust, Support, and Investment* (Construire l'image des services d'eau usées : conseils pratiques pour augmenter la confiance, le soutien et l'investissement). http://utilitybranding.net/ (Consulté en Jan 2013).

Water Environment Federation (2012) *Sustainability Reporting Statements for Wastewater Systems* (Déclarations de durabilité pour les systèmes d'eaux usées) ; Publication spéciale ; Water Environment Federation : Alexandria, Virginia.

METTRE EN PLACE LES PROGRAMMES DE GESTION ÉNERGÉTIQUE

U.S. Environmental Protection Agency, *Energy Management Guidebook and Planning for Sustainability Handbook* (Guide de gestion énergétique et manuel de planification pour la durabilité). http://water.epa.gov/infrastructure /sustain/ cut_energy.cfm (Consulté en Jan 2013).

Water Environment Research Foundation (2010) *Overview of State Energy Programs for the Wastewater Sector* (Aperçu des programmes énergétiques de l'État pour le secteur des eaux usées), Projet No. OWSO6R07b ; Water Environment Research Foundation : Alexandria, Virginia.

ÉNERGIE GÉNÉRALE ET GESTION

American Council for an Energy-Efficient Economy, Addressing the Energy - Water Nexus : A Blueprint for Action and Policy Agenda (Résoudre l'interaction énergie-eau : une ébauche d'action et d'agenda politique). http://www.aceee.org/white-paper/addressing-the-energy-water-nexus (Consulté en Jan 2013).

Water Effective Utility Management. Attributes of Effectively Managed Utilities (Attributs des services très bien gérés). http://www.watereum.org (Consultant en Jan 2013).

Water Environment Research Foundation (2010) *Technology Roadmap to Sustainable Wastewater Treatment in a Carbon-Constrained World* (Plan technologique pour un traitement durable des eaux usées dans un monde sous contrainte carbone) ; Projet No. OWSO4R07d ; Water Environment Research Foundation : Alexandria, Virginia.

Water Environment Research Foundation (2011) *Decision Support System for Sustainable Energy Management* (Système de support décisionnel pour une gestion énergétique durable) ; Projet No. OWSO7C07 ; Water Environment Research Foundation : Alexandria, Virginia.

Water Environment Research Foundation (2011) *Energy Production and Efficiency Research — The Roadmap to Net-Zero Energy* (Recherche en production et efficacité énergétiques — Le plan pour un bilan énergétique nul) ; Water Environment Research Foundation : Alexandria, Virginia.

IDENTIFICATION DE PARTENAIRES

Association nationale des compagnies de service énergétique. http://www.naesco.org (Consulté en Jan 2013).

Département d'énergie américain, Base de données d'incitations de l'État pour les énergies renouvelables & efficacités. http://www.dsireusa.org (Consulté en Jan 2013).

COMPARAISON, UTILISATION ÉNERGÉTIQUE ET OPTIMISATION

AECOM (2011) *National Water & Wastewater Benchmarking Initiative (NWWBI) Public Report* (Rapport public de l'initiative nationale de comparaison de l'eau & des eaux usées) ; AECOM : Vancouver, Canada.

Crawford, G. V. (2010) *Best Practices for Sustainable Wastewater Treatment* (Meilleures pratiques pour un traitement durable des eaux usées) ; WERF Projet No. OWSO4R07a ; Water Environment Research Foundation : Alexandria, Virginia.

Duke Energy, Understanding Demand and Consumption (Comprendre la demande et la consommation). http://www.think-energy.net/KWvsKWH. htm (Consulté en Jan 2013).

New York State Energy Research and development Authority (2008) *Statewide Assessment of Energy Use by the Municipal Water and Wastewater Sector* (Évaluation à l'échelle de l'État de l'utilisation énergétique par le secteur municipal de l'eau et des eaux usées) ; Rapport final 08-17 ; New York State Energy Research and Development Authority : Albany, New York.

New York State Energy Research and development Authority (2010) *Water and Wastewater Energy Management Best Practices Handbook* (Manuel de meilleures pratiques en gestion énergétique pour l'eau et les eaux usées) ; New York State Energy Research and Development Authority : Albany, New York.

New York State Energy Research and Development Authority, Outils et matériaux http://www.nyserda.ny.gov/Commercial-and-Industrial/Sectors/ Municipal-Water-and-Wastewater-Facilities/MWWT-Tools-and-aterials. aspx?sc_database=web (Consulté en Jan 2013).

O'Connor, K. ; Yonkin, M. (2009) *Statewide Assessment of Energy Use by the Municipal Water and Wastewater Sector* (Evaluation à l'échelle de l'État de l'utilisation énergétique du secteur municipal de l'eau et des eaux usées) ; New York State Energy Research and Development Authority : Albany, New York.

Pakenas, L. (1995) Energy Efficiency in Municipal Wastewater Treatment Plants (Efficacité énergétique dans les stations d'épuration municipales) ; New York State Energy Research and Development Authority : Albany, New York.

Science Applications International Corporation (2006) *Water and Wastewater Industry Energy Best Practice Guidebook* (Guide de meilleures pratiques énergétiques pour l'industrie de l'eau et des eaux usées) ; Préparé pour l'État de Wisconsin ; Focus sur l'énergie : Madison, Wisconsin.

U.S. Environmental Protection Agency (2008) *Ensuring a Sustainable Future : An Energy Management Guidebook for Wastewater and Water Utilities* (Assurer un avenir durable : un guide de gestion énergétique pour les services d'eaux usées et d'eau) ; U.S. Environmental Protection Agency : Washington, D.C.

Water Environment Research Foundation (1998) *Biosolids Management : Evaluation of Innovative Processes* (Gestion des biosolides : évaluation de procédés innovants) ; Projet No. 96-REM-1 ; Water Environment Research Foundation : Alexandria, Virginia.

Water Environment Research Foundation (2009) *Integrated Methods for Wastewater Treatment Plant Upgrading and Optimization* (Méthodes intégrées pour l'amélioration et l'optimisation des stations d'épuration) ; Projet No. 04-CTS-5 ; Water Environment Research Foundation : Alexandria, Virginia.

Water Environment Research Foundation (2010) *Energy Efficiency in Value Engineering : Barriers and Pathways* (Efficacité énergétique dans l'ingénierie de la valeur : barrières et chemins) ; Projet No. OWSO6R07a ; Water Environment Research Foundation : Alexandria, Virginia.

Water Environment Research Foundation (2011) *Optimizing Biotreatment Integrating Process Models and Control Technology* (Optimisation du biotraitement intégrant des modèles et une technologie de contrôle) ; Project No. 03-CTS-11 ; Water Environment Research Foundation : Alexandria, Virginia.

APPROCHES INNOVANTES

American Energy Innovation Council (2011) *Catalyzing American Ingenuity: The Role of Government in Energy Innovation* (Catalyser l'ingénuité américaine : le rôle du gouvernement dans l'innovation énergétique) ; American Energy Innovation Council : Washington, D.C.

Guest, J.; Skerlos, S.; Barnard, J.; Beck, M.; Daigger, G.; Hilger, H.; Jackson, S.; Karvazy, K.; Kelly, L.; Macpherson, L.; Mihelcic, J.; Pramanik, A.; Raskin, L.; Van Loosdrecht, M.; Yeh, D.; Love, N. (2009) A New Planning and Design Paradigm to Achieve Sustainable Resource Recovery from Wastewater (Un nouveau paradigme de planification et conception pour atteindre une récupération des ressources durables à partir des eaux usées). *Environ. Sci. Technol.*, 43 (16), 6126–6130.

Rubino, V.; Katehis, D.; Sharp, R.; Dailey, S.; Daigger, G.; Young, P.; Deur, A.; Beckmann, K. (2010) *Managing Innovation : Optimizing Resource Allocation Using New York City's Innovative Technology Prioritization Tool* (Gérer l'innovation : optimiser la répartition des ressources en utilisant l'outil de hiérarchisation de la ville de New York pour les technologies innovantes). *Proceedings of the 83rd Annual Water Environment Federation Technical Exhibition and Conference* [CD-ROM] ; New Orleans, Louisiana, 2-6 Oct ; Water Environment Federation : Alexandria, Virginia.

Water Environment Research Foundation (2011) *Demonstrating Power Production in Wastewater Treatment Processes on a Pilot-Scale Basis* (Démonstration d'une production énergétique dans des procédés de traitements des eaux usées à une échelle pilote) ; Projet No. OWSO8R09 ; Water Environment Research Foundation : Alexandria, Virginia.

OUTILS

Water Environment Research Foundation, *Carbon Heat Energy Assessment and Plant Evaluation Tool* (CHEApet) (Outil d'estimation du carbone, de la chaleur et de l'énergie et évaluation de la station). http://cheapet.werf.org (Consulté en Jan 2013).

Water Environment Research Foundation, *Life Cycle Assessment Manager for Energy Recovery (LCAMER) Tool* (Ouitl de gestion d'analyse de cycle de vie pour la récupération énergétique). http://www.werf.org/lcamer (Consulté en Jan 2013).

Water Environment Research Foundation, *Green Energy Life Cycle Assessment Tool (GELCAT) and User Manual* (Outil d'analyse de cycle de vie de l'énergie verte et manuel d'utilisation). http://www.werf.org/a/ka/Search/ ResearchProfile.aspx?ReportId=OWSO6R07c (Consulté en Jan 2013).

RESSOURCES TECHNOLOGIQUES

Site internet du laboratoire national d'énergie. http://www.nrel.gov/analysis/pubs_solar.html (Consulté en Jan 2013).

Water Environment Federation (2010) *Energy Conservation in Water and Waste- water Facilities* (Conservation énergétique dans les usines d'eau et d'eaux usées) ; Manuel de pratiques No. 32 ; McGraw-Hill : New York.

Water Environment Research Foundation (2010) *Energy Efficiency in Wastewater Treatment in North America : A Compendium of Best Practices for Energy Efficiency and Recovery* (Efficacité énergétique dans le traitement des eaux usées en Amérique du Nord : un recueil de bonnes pratiques pour l'efficacité et la récupération énergétiques) ; Projet No. OWSO4R07e ; Water Environment Research Foundation : Alexandria, Virginia.

Water Environment Research Foundation (2010) *Co-Digestion of Organic Waste Products with Wastewater Solids—Interim Report* (Co-digestion de déchets organiques avec des solides d'eaux usées – Rapport provisoire) ; Projet No. WSO5R07a ; Water Environment Research Foundation : Alexandria, Virginia.

Water Environment Research Foundation (2011) *State of the Science on Biogas* (État actuel de la science sur le biogaz) ; Projet No. OWSO10C10a ; Water Environment Research Foundation : Alexandria, Virginia.

INFORMATION TECHNIQUE

Daigger, G. (2009) Evolving Urban Water and Residuals Management Paradigms : Water Reclamation and Reuse, Decentralization, and Resource Recovery (Paradigmes évolutifs de la gestion de l'eau urbaine et des résidus : récupération et réutilisation de l'eau, décentralisation et récupération de ressources). *Proceedings of the 82nd Annual Water Environment Federation Technical Exhibition and Conference* [CD-ROM] ; Chicago, Illinois, 18–22 Oct ; Water Environment Federation : Alexandria, Virginia.

Parry, D.L. (1991) A Second Law Analysis of Biogas Utilization Systems for Wastewater Treatment Plants (Une deuxième analyse juridique des systèmes d'utilisation du biogaz dans les stations d'épuration). *Proceedings of the American Society of Mechanical Engineers/Japan Society of Mechanical Engineers Thermal Engineering Joint Conference* ; American Society of Mechanical Engineers : New York ; Vol. 3.

Water Environment Research Foundation (2008) State of the Science Report Energy and Resource Recovery from Sludge (État de la science sur la récupération d'énergie et de ressources à partir des boues) ; Projet No. OWSO3R07 ; Water Environment Research Foundation : Alexandria, Virginia.

Whitlock, D.; Daigger, G.; McCoy, N. (2007) The Future of Sustainable Water Management : Using a Value Chain Analysis to Achieve a Zero Waste Society (L'avenir de la gestion durable de l'eau : utilisation d'une analyse de chaîne de valeur pour atteindre une société zéro déchet). *Proceedings of the 80th Annual Water Environment Federation Annual Technical Exhibition and Conference* [CD-ROM] ; San Diego, Californie, 13–17 Oct ; Water Environment Federation : Alexandria, Virginia.

ÉTUDES DE CAS

Water Environment Research Foundation (2010) *Best Practices for Sustainable Wastewater Treatment* (Meilleures pratiques pour un traitement durable des eaux usées) ; Projet No. OWSO4R07a ; Water Environment Research Foundation : Alexandria, Virginia.

Water Environment Research Foundation (2010) *Sustainable Treatment Case Study — Evaluation of the Strass in Zillertal WWTP* (Étude de cas d'un traitement durable — Evaluation du strass de la STEP Zillertal) ; Projet No. OWSO4R07b ; Water Environment Research Foundation : Alexandria, Virginia.

Water Environment Research Foundation (2011) *Demonstration of the Carbon, Heat, Energy Assessment Plant Evaluation Tool (CHEApet)* (Démonstration de l'outil d'estimation du carbone, de la chaleur et de l'énergie et d'évaluation de la station) ; Projet No. OWSO4R07g ; Water Environment Research Foundation : Alexandria, Virginia.

Water Environment Research Foundation (2011) Energy Efficiency in the Water Industry : A Compendium of Best Practices and Case Studies — A Global Report (Efficacité énergétique dans l'industrie de l'eau : un recueil des meilleures pratiques et études de cas — Un rapport international) ; Projet No. OWSO9C09 ; Water Environment Research Foundation : Alexandria, Virginia.

Water Environment Research Foundation (2011) *Site Demonstration of the Life Cycle Assessment Manager for Energy Recovery* (LCAMER) (Démonstration sur site du gestionnaire d'évaluation de cycle de vie pour la récupération d'énergie) ; Projet No. OWSO4R07f ; Water Environment Research Foundation : Alexandria, Virginia.

Annexe

Le plan énergétique : Un guide pour une gestion énergétique plus durable des services d'eau et d'eaux usées et ISO 50001 — Gestion énergétique

Aperçu d'ISO 50001 — Gestion énergétique

Cette norme, publiée en 2011 par l'organisation internationale de normalisation, est applicable à tout type et toute taille d'organisation, quelles que soient les conditions géographiques, culturelles et sociales. Elle est appropriée pour être utilisée par le secteur de l'eau et complémente *Le plan énergétique*. ISO 50001 — Gestion énergétique est conçu pour être utilisé soit de façon indépendante ou en adéquation avec un autre système de gestion, tel que le présent guide. La mise en place réussie du *plan énergétique*, de l'ISO 50001, ou des deux, dépend de l'engagement à tous les niveaux et fonctions de l'organisation, surtout au niveau de la haute direction.

L'objectif d'ISO 50001 est de permettre aux organisations d'établir des systèmes et procédés nécessaires à l'amélioration de la performance énergétique, incluant l'efficacité, l'utilisation et la consommation énergétiques. La norme a pour but de mener vers la réduction des effets environnementaux (incluant la réduction des émissions de gaz à effet de serre) et l'économie des coûts énergétiques grâce à une gestion systématique de l'énergie.

ISO 50001 spécifie les requis pour un système de gestion énergétique qui permet à une organisation de développer et mettre en place une politique énergétique et d'établir des objectifs, cibles et plans d'action. ISO 50001 s'applique aux activités sous le contrôle de l'organisation et l'application de la norme peut être adaptée pour répondre à des requis spécifiques de l'organisation, incluant la complexité du système, le degré de documentation et les ressources. L'amélioration continue de la structure « planifier-faire-vérifier-agir » est utilisée pour intégrer la gestion énergétique dans les pratiques organisationnelles quotidiennes, comme montré par le graphique précédent.

Pour simplifier la relation entre les éléments clés du *plan énergétique* et les clauses d'ISO 50001, les sujets, thèmes et progressions sont représentés sous forme d'abréviations, de la façon suivante : GS-DS est utilisé pour le domaine *Gestion stratégique* et le thème *Direction stratégique*. Dans les cas où une caractéristique ou activité spécifique est référencée, les chiffres 1,2 et/ou 3 sont ajoutés. Par exemple, CO-VE23 est utilisé pour le sujet *Culture organisationnelle*, le thème *Vision énergétique*, et les progressions 2 (intégrer) et 3 (optimiser). Quand aucun chiffre n'est ajouté, la clause ISO 50001 rassemble les trois niveaux de progression dans le thème. Les abréviations de domaine et de thème sont présentées dans le Tableau A.1.

Le Tableau A.2 montre la relation entre les éléments du *plan énergétique* et la clause ISO 50001. Quand ISO 50001 possède un sous-alinéa indiqué par une lettre, cette lettre est listée après l'élément applicable du *plan énergétique*. Par exemple, CO-VE (a) dans la clause 4.2.1 d'ISO 50001 signifie que l'élément « Culture organisationnelle » et le sujet « Vision énergétique » du *plan énergétique* répondent à la clause 4.2.1(a) d'ISO 50001.

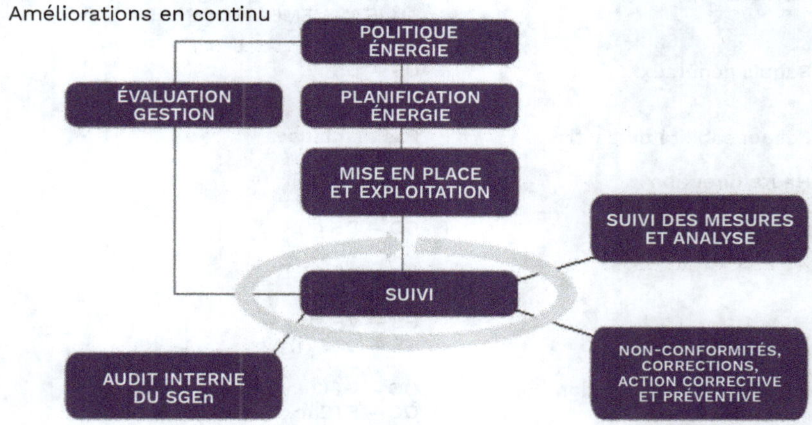

SOURCE

ISO 50001 — Gestion énergétique (ISO, 2011) ; Introduction, pp. v–vi.

DOMAINE	THÈMES
GS — Gestion stratégique	• **DS** — Direction stratégique • **VF** — Viabilité financière • **PC** — Partenariats collaboratifs • **VNC** — Vers une neutralité carbone
CO — Culture organisationnelle	• **VE** — Vision énergétique • **EE** — Équipe énergie • **FPH** — Formation du personnel et harmonisation
CD — Communication et diffusion	• **CC** — Clients et communauté • **RL** — Réglementaire et législatif • **DM** — Diffusion médiatique • **GPE** — Groupes de protection de l'environnement • **SE** — Secteur de l'eau
GD — Gestion de la demande	• **CEF** — Coûts électriques et facturation • **MCE** — Mesure et contrôle de l'énergie • **GE** — Gestion énergétique • **CS** — Contrôle à la source
PE — Production énergétique	• **S** — Stratégie • **EEEU** — Énergie à partir de l'eau et des eaux usées • **SES** — Sources énergétiques supplémentaires • **CER** — Certificats d'énergie renouvelable
IA — Innover pour l'avenir	• **RD** — Recherche et développement • **GR** — Gestion des risques • **TA** — Technologies alternatives • **GA** — Gestion alternative

TABLEAU A.1

Abréviations des domaines et des thèmes.

CLAUSE ISO 50001	CRITÈRE	LE PLAN ÉNERGÉTIQUE SUJET/THÈME/PROGRESSION
4.1	Requis généraux	GS — DS CO — VE
4.2	Responsabilité de gestion	Pas de clause
4.2.1	Haute direction	CO — VE (a) CO — EE (b) CO — DS (c) GS — VF (c) GS — DS (d, f, g) CO — VE2 (e, i) GS — VF2 (h) GS — DS3 (j)
4.2.2	Représentant de gestion	OC — ET12 (a, b) OC — ET2 (c, d) SM — SD2 (e) CO — EE1 (f) GS — DS3 (g) CO — FPH (h)
4.3	Politique énergétique	GS — DS (a, h) GD — MCE (b) GS — VF (c, f) CO — FPH3 (c) GS — PC (d) GS — DS3 (e) PE — CER (f) CO — EE23 (g)
4.4	Planification énergétique	Pas de clause
4.4.1	Général	GS — DS
4.4.2	Requis légaux et autres requis	CO — RL PE — S2
4.4.3	Évaluation énergétique	GD — CEF12 (a) GD — GE1 (a) PE — EEEU (a) PE — SES (a) GD — MCE (b) GD — PE (c)
4.4.4	Référentiel énergétique	GD — MCE
4.4.5	Indicateurs de performance énergétique	GD — MCE PE — S
4.4.6	Objectifs énergétiques, cibles énergétiques et plans d'action de gestion énergétique	GD — MCE GD — GE GS — DS1 PE — S
4.5	Mise en place et exploitation	Pas de clause
4.5.1	Général	GD — GE2 PE — EEEU23 PE — SES23
4.5.3	Communication	CO — VE2 (communication externe) CO — VE3 (communication externe) CD (communication externe)
4.5.4	Documentation	GS — DS

TABLEAU A.2

Relations entre *Le plan énergétique* et ISO 50001 — Gestion énergétique.

CLAUSE ISO 50001	CRITÈRE	LE PLAN ÉNERGÉTIQUE SUJET/THÈME/PROGRESSION
4.5.5	Contrôle opérationnel	GD — MCE (a, b, c)
4.5.6	Conception	GD — GE3 GS — VF2
4.5.7	Acquisition de services énergétiques, produits, équipements et énergie	GS — PC PE — CER
4.6	Suivi	Pas de clause
4.6.1	Surveillance, mesure et analyse	GD — MCE (a, b, c, d, e)
4.6.2	Évaluation de conformité avec requis légaux et autres requis	PE — S2 CD — RL
4.6.3	Audit interne du SGEn*	Volet procédural de la norme ISO non couvert spécifiquement par le guide.
4.6.4	Non-conformités, correction, action corrective et action préventive	Volet procédural de la norme ISO non couvert spécifiquement par le guide.
4.6.5	Contrôle des enregistrements	Volet procédural de la norme ISO non couvert spécifiquement par le guide.
4.7	Évaluation de gestion	Pas de clause
4.7.1	Général	GS CO
4.7.2	Entrée de l'évaluation de gestion	Volet procédural de la norme ISO non couvert spécifiquement par le guide.
4.7.3	Sortie de l'évaluation de gestion	Volet procédural de la norme ISO non couvert spécifiquement par le guide.

TABLEAU A.2 (SUITE)

Relations entre *Le plan énergétique* et ISO 50001 — Gestion énergétique.

* SGEn = Système de gestion énergétique.

Index

A

Agences
- législatives, 55
- réglementaires, 55

Algues, 87

Analyse
- comparative, 64
- cycle de vie (ACV), 18, 43, 131

Audit, énergétique, 66

B

Biogaz, 73

Biosolides, 87

Brevets, 85

Budget, 30, 43

C

Carbone
- empreinte, 30, 45
- neutralité, 30, 45

Certificats d'énergie renouvelable (CER), 34, 78

Clients, 56

Co-digestion, 76

Collaboration, 3, 85

Communauté, 56

Communication, 20, 36, 55, 99, 107, 121
- externe, 47
- interne, 47

Conservation, 53, 88

Coûts, 33, 62

Culture
- innovation, 85
- organisationnelle, 17, 19, 29, 36, 47, 99, 106, 111, 116, 121, 127, 131

D

Données, 64

Diffusion, 20, 32, 36, 55, 99, 107, 121

Digesteurs, 72

Direction, stratégique, 41

Durabilité, 28, 37

E

Eau, industrie, 59

Employés
- harmonisation, 52
- développement, 52
- formation, 52

Énergie
- audit, 66
- certificats, 23
- champion, 50
- durabilité, 28
- économies, 44
- enquête d'optimisation, 66
- débits, 38
- frais, 62
- gestion, 33
- initiatives, 43
- objectifs, 18, 31, 42, 47, 48, 72
- production, 23, 30, 33, 34, 35, 36, 41, 71, 100, 106, 111, 122, 127, 133
- production, arbre de décision, 24
- production technologie, 86
- réduction, demande, 18
- renouvelable, 17
- sources, 23, 72
- verte, 79
- vision, 19, 47

Électrique, énergie
- contrôle, 64
- mesure, 64

Éolienne, énergie, 77

F

Facturation, 33, 62

Faible énergie
- élimination biologique de l'ammoniaque, 86
- séchage, 86
- technologie, 86

Financement, 30, 43, 44

Formation, 19, 52

Frais
- demande, 62
- énergie, 62

G

Gaz à effet de serre (GES), 45

Gestion, 35, 66
- alternative, 35, 88
- demande, 21, 33, 61, 100, 107, 11, 116, 121, 127, 132
- service, efficace, 41
- innovation, 83
- matrices, 28
- risques, 35, 84
- stratégique, 18, 29, 30, 36, 41, 99, 106, 111, 116, 121, 127, 131

H

Hydroélectricité, 75

I

Indicateurs clés de performance (ICP), 18
Industrie, eau, 59
Infrastructure, verte, 88
Innovation, 135, 88
  culture, 85
  gestion, 83
  technologies, 82

M

Médias, 20, 58
Métriques, financières, 43
Mise en œuvre, obstacles, 72

N

Normes, énergies renouvelables
  inclusion (NIER), 78
  Portefeuille, 23

O

Organisation internationale de normalisation (ISO) 50001 — Gestion énergétique, 156
Organisationnelle, culture, 31, 36, 47, 99, 106, 111, 116, 121, 127, 131

P

Partenariats, 44, 82
Pile à combustible microbienne (PCM), 86
Planification
  affaires, 48
  projet, 48
  stratégique, 48
Politique
  objectifs, 42
  déclaration, 42
Pompes, 75
  thermiques, 75
Promouvoir, 43
Protection, environnementale, 20, 32, 59

R

R&D, 82
Recherche et développement (R&D), 35
Risques, 24
  gestion, 84
  minimisation, 85
  limitation, 84

S

Séchage, faible énergie, 86
SMART, 42
Solaire, énergie, 76
Source
  contrôle, 33, 69
  énergie, 72, 75
Stratégique, gestion, 18, 29, 30, 36, 41, 99, 106, 111, 116, 121, 127, 131
Surveillance, 65
Systèmes
  décentralisés, 88
  gestion environnementale (SGE), 41 hybrides, 88

T

Technologie, 22
  alternative, 35, 86
  faible énergie, 86
  production d'énergie, 86
Traitement secondaire anaérobie, 86

V

Verte, énergie, 79
  achat, 79
  solaire, 76
  éolienne, 76
Vision
  énergétique, 19, 47 holistique, 88

Water Environment Federation®
the water quality people®

www.ingramcontent.com/pod-product-compliance
Lightning Source LLC
LaVergne TN
LVHW060558240526
839643LV00003B/45
9781572784048